世界城市研究精品译丛

主　编　张鸿雁　顾华明
副主编　王爱松

消费空间

Spaces For Consumption

[英] 斯蒂芬·迈尔斯 著

孙民乐 译

江蘇教育出版社 JIANGSU EDUCATION PUBLISHING HOUSE SAGE

图书在版编目(CIP)数据

消费空间/张鸿雁、顾华明主编.—南京:江苏教育出版社,2013.11

(世界城市研究精品译丛)

书名原文:Spaces for consumption

ISBN 978-7-5499-3644-1

Ⅰ.①消… Ⅱ.①张… Ⅲ.①城市—购物中心—空间规划—研究 Ⅳ.①TU984.13

中国版本图书馆CIP数据核字(2013)第278067号

书　　名　消费空间
著　　者　[英]斯蒂芬·迈尔斯
译　　者　孙民乐
责任编辑　陈彦理
出版发行　凤凰出版传媒股份有限公司
　　　　　　江苏教育出版社(南京市湖南路1号A楼　邮编210009)
苏教网址　http://www.1088.com.cn
照　　排　南京紫藤制版印务中心
印　　刷　江苏凤凰新华印务有限公司
厂　　址　江苏省南京市新港经济技术开发区尧新大道399号
开　　本　890毫米×1240毫米　1/32
印　　张　7.25
字　　数　173 000千字
版　　次　2013年12月第1版　2013年12月第1次印刷
书　　号　ISBN 978-7-5499-3644-1
定　　价　36.00元
网店地址　http://jsfhjy.taobao.com
新浪微博　http://e.weibo.com/jsfhjy
邮购电话　025-85406265,84500774　短信 02585420909
盗版举报　025-83658579

序

张鸿雁

"他山之石，可以攻玉。"人类城市化的发展既有共同规律，也有不同国家各自发展的特殊道路和独有特点。西格蒙德·弗洛伊德说："当一个人已在一种独特的文明里生活了很长时间，并经常试图找到这种文明的源头及其所由发展的道路的时候，他有时也禁不住朝另一个方向侧瞥上一眼，询问一下该文明未来的命运以及它注定要经历什么样的变迁。"①经典作家认为城市是社会发展的中心和动力，全球现代化发展的经验和历程证明，凡是实现现代化的国家和地区也基本是完成城市化的国家和地区，几乎没有例外。②同样，中国以往的城市化历史经验也证明，要想使作为国家战略的中国新型城镇化能够健康发展并达到预期目标，就必须总结发达国家城市化发展的经验和教训，

---

① 西格蒙德·弗洛伊德，《论文明》，徐洋、何桂全等译。北京：国际文化出版社公司，2001.1。

② 张鸿雁、谢静，《城市进化论—中国城市化进程中的社会问题与治理创新》。南京：东南大学出版社，2011。

特别要择优汲取西方城市化的先进理论和经验以避免走弯路。[1] 我研究城市化和城市社会问题已经有近四十年的历史，借此机会把我以往积累的一些研究成果、观点和认识重新提出来供读者参考。

一、对西方城市化理论的反思与优化选择

2013年中国城市化水平超过52%，正在接近世界平均城市化水平，中国成为世界上城市人口最多的国家。关键是，在未来的二十多年里，中国将仍然处于继续城市化和城市现代化的过程之中，而且仍然处于典型的传统社会向现代社会的过渡转型的社会变迁期。这一典型的社会变迁——中国新型城镇化关乎中国现代化的发展方式和质量以及社会的公平问题。

西方城市化的理论与实践成果有很多值得中国学习和借鉴的方面，如城市空间正义理论、适度紧缩的城市发展理论、有机秩序理论、生态城市理论、拼贴城市理论、全球城市价值链理论、花园城市理论、智慧城市理论、城市群理论以及相关城市规划理论等，这些成就对人类城市化的理论有着巨大的贡献，在推进人类城市化的进化方面起到了直接的作用。中国城市化需要在对西方城市化理论充分研究的基础上，对西方城市化理论进行扬弃性的运用，从而最终能够建构中国本土化的城市化理论体系与范式。

我们看到在现代社会发展中，面对越来越多的社会问题，我们解决的手段却越来越少，甚至面对有些问题我们束手无策、无能为力。为什么会这样？即使在已经基本完成城市化的西方国家，在当代仍然存在着普遍的和多样化的社会问题[2]，而且在发达国家这些问题也都

---

① 张鸿雁，“中国新型城镇化理论与实践创新”，《社会学研究》，2013.3。

② 参见张鸿雁，《循环型城市社会发展模式——城市可持续创新战略》。南京：东南大学出版社，2007。

集中在城市，形成典型的“城市社会问题”。如城市贫困、城市就业、城市住房、城市老人社会、城市社会犯罪、富人社区与穷人社区的隔离、城市住区与就业空间的分离、城市中心区衰落以及城市蔓延化等问题，甚至有些在西方城市化进程中已经解决的社会问题，仍然在中国的城市化进程和城市社会中不断发生。这些现象的发生，与我们缺乏对西方城市化理论与模式的全面理解与择优运用有关。

在建构中国本土化城市理论的过程中，对外来城市化理论进行有比较地、批判性地筛选，这不失为一种谨慎的方式。西方城市化发展过程所表现的“集中与分散”的规律，在很大程度上是通过市场机制的创新形成的，可以描述为高度集中与高度分散的“双重地域结构效应”。① 美国纽约、芝加哥等城市的高度集中，与美国近 80%左右的人居住在中小城镇里的高度分散，就是这种“双重地域结构效应”的反映。西方城市化理论是以多元化和多流派的方式构成并存在的，既有强调城市化“集中性”价值的一派，亦有强调城市化“分散化”价值的一派，还有强调集中与分散结构的流派。回顾以往，在某种情况下，中国的城市化则把西方城市人口集中的流派作为主要的理论核心模式，如果 21 世纪初的城市化仍然把城市高度人口集中作为主导，这不仅是对西方城市化理论的误读，更是对中国城市化发展道路的严重误导。而事实上，中国通过“制度型城市化”的创造，以西方城市化理论中的集中派理论模式为“模本”，形成了高速与高度集聚的畸形城市化——中国式“拉美经济陷阱”②。过度集中和过度集权的城市化成为导

---

① 张鸿雁，《城市化理论重构与城市发展战略研究》。北京：经济科学出版社，2013。

② “拉美陷阱”主要是指南美洲巴西等国家，人均 GDP 超过 3 000 美元，城市化率达到 82%，但贫困人口却占国家人口总数的 34%。一方面是经济较快增长，另一方面是社会发展趋缓；一方面是社会有所富裕，另一方面却是贫困人口增加……在其总人口中有相当规模的人口享受不到现代化的成果。参见：王建平，“避免‘拉美陷阱’”，《资料通讯》，2004(4).46。

致“都市病”深化发展的主要原因之一。如从基本国情的角度讲，仅适于美国等人少地多国家的“城市过度造美运动”以及大尺度、大规模占用土地资源的城市化，推行到土地资源十分紧缺的中国是基本不可行的，从长远利益角度来认识、分析这种现象，这是一种破坏性建设。

在西方的城市化理论中，还有些成果要么是戏剧化的，要么是过于理想化的——从乌托邦的视角提出城市化的理论，被喻为“要构建一个虚拟的理想世界”①，在学理性和科学性方面缺乏社会实践基础，在创造理想模式方面的价值大于实际应用价值。当然，霍华德的“田园城市”理论本身的价值就在于创造“理想类型”，给后人留下更多的空间来加以探讨和完善。西方城市化理论与世界任何理论一样，有其合理内核，亦有典型的历史与现实局限，必须认真选择，优化运用。

二、中西城市化发展的差异认知

与西方城市化“动力因”相似的是，中国城市化的外在形式也是以人口集聚为主要特征。但是，除此而外，中国城市化在发展“动力因”的构成与序列上，非但不同于西方，而且还有着强烈的本土化“制度型动力体系”构成特点，在改革开放的三十多年里，通过“政府制度型安排”形成高速的城市化。所谓“制度型城市化”主要表现为：一是城市化与城市战略的规划是政府管控的；二是城市化与城市建设的投资是以政府为主体的；三是城市化的人口发展模式是政府规划的；四是城市的土地是由政府掌握的，等等。这一动力模式具有强大的权力力量的优势，同时也具有典型的行政命令的弱点。中国城市化以三十多年的时间跃然走过了西方两百年的城市化路程，成就令世界瞩目，

---

① 尼格尔·泰勒，《1945年后西方城市规划理论的流变》，李白玉等译。北京：中国建筑工业出版社，2006.24～25。

但城市社会问题也越来越深化——这种现象充分说明了中国城市化原动力不足、动力结构不合理的事实，其主要症结在于中国没有本土化的科学的城市理论来引导。

东西方社会发展水平的差异，不仅表现在制度体系结构与个体价值观、人口总量与结构、教育水平与宗教文化传统等方面，表现在生产力发展的阶段性和发展水平方面，同时还表现在文化的总体价值取向方面。西方的资本主义承袭了古典时代思想，并且是从中世纪的土壤中“自然长入”资本主义社会的。“自然长入”的方式显现了西方社会的发展规律和历史逻辑，在这种“历史与逻辑的统一”机制内，使得在城市化中出现的社会结构转型、产业结构转型和文化结构转型，能够基本处于同步进化的结构变迁之中，没有出现典型的“社会堕距”与“文化堕距”。这些证明了西方城市化发展的市场规律运性表现。基于这一认识，我们可以看到，中世纪以来，中西方城市化走了两条不同的道路，两种城市化形态的社会前提、进程、节点和社会结构都是不同的。

西方城市化早期的历史是“双核动力发展模式”，即“城市经济”与“庄园经济”构成“双重动力”，城市工商业和庄园手工业并行发展，中世纪从庄园里逃亡出来的手工业者，较快地转入了工业化的大工业生产。西方城市化与工业化发展的动力来源也可以完整解释为“双核地域空间模式”。而中国是典型的集权的传统农业社会，可以解释为“单核地域空间模式”，城市在汪洋大海般的农业社会中生存，没有资产阶级法权意义上的土地关系和契约关系，由此产生的城市化“与传统农村有千丝万缕联系”，及至当代仍然是尚未与传统乡村“剪断脐带”的城市化。这一轮的新型城镇化必须在土地制度上有所突破，进行中国式的“第三次土地革命”①，只有这样才能融入世界城市化和全球一体化浪潮之中。

---

① 张鸿雁，“中国式城市文艺复兴与第六次城市革命”，《城市问题》，2008.1。

三、新型城镇化面临的问题与挑战

中国社会近代以来经历了多种形式的城市社会结构变迁过程①，这种变迁在总体上是一种社会进步型的发展。中国新型城镇化过程是这一变迁的继续，我们不难看到，在城市化的进化型变迁中，在解决传统社会矛盾和问题的同时，也在制造新的社会矛盾和问题，这是符合社会发展普遍规律的，没有不存在问题的社会，亦如发展本身就是问题，现代社会就是风险社会的命题一样，社会存在本身就是问题。因当代中国的城镇化具有历史的空前绝后性，其存在的问题也十分繁杂：有些是传统社会问题，即没有城镇化也存在；有些是城镇化引发和激化了的问题，要梳理出关键点加以解决。

“当我们渐近 20 世纪的尾声之时，世界上没有一个这样的地区：那里的国家对公共官僚和文官制度表示满意。”② 这是美国学者帕特里夏·英格拉姆在研究公共管理体制改革模式时的一段论述。正因为如此，从 20 世纪 60 年代以来，全世界几乎所有的国家都在进行制度改革，只是改革的方式和声势不同，特别是一些发达国家把改革与创新作为同一层次的认知方式，而不是把改革作为一种运动的方式。亨廷顿曾有针对性地对发展中国的现代化提出这样的分析：“现代化之中的国家”，面临着“政党与城乡差别”的社会现实，事实上中国的改革面临的社会现实正是“城乡差异”二元结构深刻的特殊社会历史时期，当代的许多社会问题的发生都与“城乡二元经济社会结构”有关。他认为：“农村人口占大多数和城市人口增长这两个条件结合在一起，就

---

① 张鸿雁等，《1949 中国城市：五千年的历史切面》。南京：东南大学出版社，2009。

② 《西方国家行政改革述评》，国家行政学院国际合作交流部编译。北京：国家行政学院出版社，1998.39。

给处于现代化之中的国家造成了一种特殊的政治格局。”中国城乡差别的现实充分证明了这一点，新型城镇化战略就是为了消灭城乡差别，建构一个相对公平合理的城市市民社会。

著名的历史学家斯宾格勒说：“一切伟大的文化都是市镇文化，这是一件结论性事实。”[①]人类伟大的文化总是属于城市的，这是城市区别于乡村的真正价值所在，也是人们对城市向往的原因所在。对于城市的“伟大”认知不止于斯宾格勒，早在中世纪，意大利著名的政治哲学家乔万尼·波特若在1588年出版的《论城市伟大至尊之因由》一书就提出了“城市伟大文化”的建构与认知。他对城市的评价是这样的：“何谓城市，及城市的伟大被认为是什么？城市被认为是人民的集合，他们团结起来在丰裕和繁荣中悠闲地共度更好的生活。城市的伟大则被认为并非其处所或围墙的宽广，而是民众和居民数量及其权力的伟大。人们现在出于各种因由和时机移向那里并聚集起来：其源，有的是权威，有的是强力，有的是快乐，有的是复兴。”[②] 我惊叹于四百多年前的学者能够对城市有如此独到而精辟的论述，虽然这种论述包含着对王权价值的认同，但论者能够从独立的视野中发现城市的价值实是难能可贵。而且，四百多年来人类社会的工业化、现代化和城市化过程也充分证实了这种美誉式的判断。同样，也是在四百多年前，乔万尼·波特若还提出了创造城市伟大文化的方式与入径：“要把一城市推向伟大，单靠自身土地的丰饶是不够的。”[③] 城市的发展、建设和再创造，要靠城市公平、开放和创造自由。

《世界城市研究精品译丛》的出版目的十分明确：我国的城市理论研究起步较晚，西方著名学者的研究成果，或是可以善加利用的工具，

---

① 奥斯瓦尔德·斯宾格勒，《西方的没落》，齐世荣等译。北京：商务印书馆，2001.199。

② 乔万尼·波特若，《论城市伟大至尊之因由》，刘晨光译。上海：华东师范大学出版社，2006.3。

③ 同上。

有助于形成并完善我们自己城市理论的系统建构。在科学理论的指导下，在新型的城镇化过程中，避免西方城市化进程中曾出现的失误。新型城镇化是在建立一种新城市文明生活方式，是改变传统农民生活的一种历史性的改变。“新的城镇，也会体现出同社会组织中的现代观念有关的原则，如合理性、秩序和效率等。在某种意义上，这个城镇本身就是现代性的一个学校。”①

该丛书引进西方城市理论研究的经典之作，大致涵盖了相关领域的重要主题，它以新角度和新方法所开启的新视野，所探讨的新问题，具有前沿性、实证性和并置性等特点，带给我们很多有意义的思考与启发。

学习发达国家的城市化理论模式和研究范式，借鉴发达国家成功的城市化实践经验，研究发达国家新的城市化管理体系，是这套丛书的主要功能。但是，由于能力有限，丛书一定会有很多问题，也借此请教大方之家。读者如果能够从中获取一二，也就达到我们的目的了。

张鸿雁：南京大学城市科学研究院　院长
中国城市社会学专业委员会　会长
（2013年11月于慎独斋）

① 阿列克斯．英克尔斯、戴维·H. 史密斯，《从传统人到现代人——六个发展中国家中的个人变化》，顾昕译。北京：中国人民大学出版社，1992.319。

献给查理

献给 Yanli Sun-迈尔斯

目录

第一章　导言：合谋的城市

我们的城市就是我们消费的对象和消费的场所。本质上，城市实际上也只不过是一个消费的空间，我们在其间明显把自己表现为一个消费社会的公民。消费处在当代城市意识形态的核心部位，而且，就此而言，我们要在所生活的社会中成为一个公民，消费空间也处于这一过程的核心地带。当代城市似乎正承受着在级别上仅次于工业化过程启动时的那类变化。我们的周围充斥着已被贴上“城市复兴”标签的种种暗示和征象，这是一个承诺了美好时期即将来临的时代，从这个时代开始，城市将作为新生的社会变革的焦点而出现。整个欧洲的城市正在被重新冠以消费场所的商标，作为旅游目的地，作为文化中心，以及作为有文化的中产阶级值得一去的地方。然而，这样的变化是否只发生在象征性的层面？它们是否在作为人类的我们与我们置身其中的城市之间的关系方面表征着一个实质性的转变？当代城市的灵魂是否已被出卖给消费主义的出纳员？如果是这样的话，它对我们城市长时段的可持续性又意味着什么？

本书所论及的是这样的一个背景：消费的无所不在的权力在这里得到了最充分的表现，本书还将相应地描述在这些空间中人类境况得到了怎样的反映。表面上似乎恢复了活力的城市环境可能给我们提供了虚假的承诺。基于消费者的风景的短暂吸引力为我们提供了一个瞬间的高地，但这些风景能否持续，或者，消费主义明确用以安抚我们的这类梦幻世界是否只是商品化风景之上的幻影？借用霍克海默和阿多诺（Horkheimer and Adorno，1973）的话说，这顿晚餐只能由城市鼓吹者的菜单来满足吗？我们与城市的关系能不能用消费遗留给我们的砖块和砂浆支撑？在一个全球化的消费主义世界里维持一个地方的特殊性是可能的吗？

就其晚近的典型特征来说，城市与其说是一个属于人并服务于人的地方，不如说是一个消费效益最大化的装置。大型购物中心、主题公园、画廊、博物馆、多功能复合影院、设计师公寓、娱乐城、体育场以及公共消费场所，给我们提供了一面自我观察的镜子，或者至少是一面社会的镜子，这个社会显然决定着我们是什么。也许，更令人担忧的是，消费给城市带来的影响既是象征性的，也是真实的。虽然我们的某些城市正在争取获得现时被认为是带有强制性标准的复兴，至少要在一个象征性的层面上，它们是追求这一复兴的，尤其是存有这样的希望：如果重塑品牌的过程足以令人信服，如果你能让人们相信有一个城市复兴正在发生，那么，真正的变革就会出现。在欧洲，尤其是在2008年以前的英国，这个进程最终在“欧洲文化之都”（European Capital of Culture）的年度竞选这个事例上得到了更生动的说明，这是一个声势浩大的城市选秀比赛。被人认为是正在经历复兴，比被人视为不发奋自救要强得多，从当下的事实看，消费从来也没有提供解困之道。但是，这个过程也带着固有的危险，因为资本主义因此也是消费所特有的本质就在于，它制造的失败者永远比它制造的胜利者要多。换句话说，在宏观层面，当我们能够接受以下事实的时候，即消费只可能使大部分个人产生分化而并不是为这大多数人提供的，在这种情况下，去想象这种不平等不会在城市的相互比较中被复制是没有意义的。维根（Wigan）不可能是利物浦，利物浦不可能是曼彻斯特，曼彻斯特不可能是伦敦。难道说它们有这个可能吗？我们城市的商品化过程正在褫夺它们的身份，并把它们变成克隆体，这一切是否已向我们说明了“消费作为一种生活方式”的深刻的含义（Miles，1998）？就像众多的人群在城市的内部受到排斥一样，城市会不会也根据阶级路线而被打入另册？本书所关注的问题是，消费只是这些过程的一种表现还是它的主要驱动力。

一方面，消费型城市理所当然地是一个具备了建筑环境的城市，在伊万·切奇格洛夫（Ivan Chtcheglov，2006）的环境主义论文中，他主张一种新型建筑应当表达出一种新文明的实质，然而，事实上并不曾有所谓资本主义建筑这样的东西存在。如今，一种资本主义建筑已经出现了，但它还远远不具有切奇格洛夫所设想的那种新型建筑所应该达到的高度。

> 建筑是表达时间与空间、调节现实与制造梦想的最单纯的手段。它意义重大，不仅关乎对瞬间之美的表现进行创造性地处理和调节的问题，而且也要对它所产生的影响进行调节，使之与创造了它们的人类欲望和进步的永恒光谱保持和谐一致。（Chtcheglov，2006）

本书将表明，切奇格洛夫在1953年所设想的未来城市景象：所谓一个发现与冒险的城市，一个性感、快乐和令人激动的城市，这从来没有出现过。在它的位置出现的是一个已经被消费主义看作是新奇的、令人激动的和快乐的城市，只不过是以它自己的标准。我们居住在其中的城市并非人类愿望的结果，它是人类进步（被断言为）失败的纪念碑，但是，它本身却被资本主义的建筑支撑了起来。无论如何，这里不是要表明，城市的发展是一条单向街，我们所居住的城市在某种程度上是打着消费资本主义的意识形态幌子兜售给我们的假货，在这种情况下：

> 全球资本主义的文化-意识形态规划就是要劝说人们不仅为了满足生理的和其他普通需要去消费，而且，为了持续保存资本积累的私人利益，要去回应各种人为创造的欲望，换句话说，就是要确保资本主义全球体系永久运行（Sklair，2002：62）。

消费资本主义的意识形态触须持续存在着，但是，它们是我们自己已经造成并且仍在继续追求的一个世界的后果。消费者不是消费社会的牺牲品，它们是其中的同谋者。处在个体与社会关系中心的正是这种同谋关系，它限定了个人与那个城市关系的性质：当代城市成为了一份宣言，它能使个体在为出人头地而奋斗的同时而成为群体的一部分，这表明了资本主义在维持这一尴尬处境时的倾向。

大概是在他的演讲稿《大都市与精神生活》（*The Metropolis and Mental Life*）中，格奥尔格·齐美尔（Georg Simmel，1950）表明，大都市关系的匿名性，是被匿名的市场关系需求所决定的。随着大都市在20世纪早期的发展，它既满足了居民的心理需求也满足他们的社会需求。正是在这个意义上，消费在确定自我与社会关系时发挥了现象调节的作用。在他关于时尚的著作中，齐美尔也表明，社会的全部历史就是一个在社会集团的忠诚和专一与个人层面的个性化和区别性之间妥协的过程。消费意义重大是因为它提供了一座连接群体与个体的桥梁，而且，城市再现了这一过程最鲜明、最坦诚的表情。

我们居住的城市就是我们想要的城市，但是，它们不是我们必需的城市。从这一观点来看，消费者的空间对我们体验周围的社会世界有积极的贡献。这些空间帮助我们成为我们现在的样子。我们把购物当做自由来体验，正如佐京（Zukin，2005）所指出的：我们感觉它为我们提供了一个舞台，我们在上面演练选择的自由，自我激励的自由，并同时逃避市场经济的归化。对佐京来说，购物是新型的阶级斗争——一方面，它提供自由，而另一方面，它又夺去了自由："购物就是消费我们自己的生命——可是，却很少能给我们带来满足。销售的商品越来越多——但我们永远也找不到我们真正想要的。购物是一种深层的文化经验，而且是一种在个体层面感受创造性的经验。在所有的城市角落的周围，都有另一个实现了的和尚未兑现的幸福的承诺，而且，因为它常常就是我们‘外出’时所干的事情，所以，购物就是我们满足社会化需要的手段——把我们作为公共生活的一个部分来感受”（Zukin，2005：7）。

因此，消费的城市表达实际上把我们捆绑在居于支配地位的逻辑之上了，它将我们的创造力审慎地置于消费的控制范围之内，并且必然会使它遭到破坏。这是一个强调消费建筑的前提。然而，消费导向的复兴例证并不一定受到尊重，因为，他们心目中的政策制定者可能会站起来说，他们的城市不是世界级的。消费空间给城市带来了荣耀，但是，荣耀背后的实质性内容仍是一个有待详细讨论的问题。在以前，城市的荣耀在政界和私人领域都是最容易表现出来的：市政厅、公园、图书馆（Satterwaite，2001）。消费空间在过去与城市的荣耀是不沾边的。近些年来，城市规划者与具有企业家精神的城市规划专家，曾经赞美后工业城市的开发潜力及其辉煌前景，在这个世界里，形象就是一切。理查德·佛罗里达（Richard Florida，2002）就是一个传播城市福音的例子，他曾经把城市限定为一个生产单位，但他是在消费的背景下这么做的。城市的规划者和决策的制定者就是这样受到激励，并走入了一个消费就是一切的观念模式。然而，危险总是存在的，消费的义务可能实际上将某些东西从我们所居住的城市拿走了，所以，它们不过是彼此间发生的一些轻微变动。伯明翰可能最终成了爱丁堡。

我们与社会的关系受到了消费的调节，因此，消费空间为我们提供了一个重申有关我们社会目标的特定视野的主要途径。但是，如果那个社会理想是最终不可能实现的，我们城市环境所面临的危险就会是严重和实在的。作为消费者，我们渴望消费空间可能为我们提供的各种逃避。我们被消费机会和它所带来的满足、称心的感觉所引诱，但是，我们对所做的这一切并非茫然无知。我们真心喜爱消费所带来的自由，同时也完全了解表象之下的实情，自由不可能如约出现。

每一次当我们的城市感受到恐怖风险空前上升的时候，消费所表现的来自内部的威胁就更容易被作为惯例、作为事情的自然状态来接受。生产型的城市是属于过去的城市。消费型的城市是前途远大的城市：一个属于当下和未来的城市。然而，正是在这浅薄的假设之下，消费对于我们生活的影响潜在地构成了这样的一种威胁。利波维茨基（Lipovetsky，2005）曾经描述过一种超级消费状态，它越来越多地吸收并整合社会生活的各个领域，从而鼓励个人去为自己的快乐而不是为提高社会地位而消费。一个超级现代的社会就是一个流动的社会，也是一个以紧张、焦虑、传统匮乏为特征，尤其是把快乐体验放在第一位的社会。与理弗金（Rifkin）所指出的情况相似：

> 经济关系结构正在发生的变化，是资本主义体系的性质正在发生的更大变革的一个部分……全球旅行和旅游，主题化的城市和公园，目的地的娱乐中心，健康、时尚和美味佳肴，职业化的运动和游戏，赌博，音乐，电影，电视，赛博空间的虚拟世界，以及各类电子控制的娱乐项目，正快速地成为新的以文化经验为交易的超级资本主义的中心。（Rifkin，2000：44）

消费空间为这样的变革提供了一个物质焦点，它们加剧了传统的缺失，并且剥去了城市的根脉，把它扔到了市场的手上，以至于对我们公共性衰亡的所有类型的确认都被自我的随机判断冲刷净尽，对正统的消费观念而言，这是一个空间与地点自我满足的主观化过程。但是，它的无法兑现的事实，以及它带着兑现的希望不断返回的事实，正是它被长久保存的原因。从消费者的角度来说，这就是我们希望消费社会一如既往的真正理由。我们喜爱消费可能带给我们的自由，我们让自己卷入了这个过程。

只要消费把自己展示为失败的现代性与失败的工业化创伤后果的唯一解决方案，它就是意识形态性的。制造业与流通领域的衰退造成了一个艰难的局面，我们城市的经济前景已经完全（并且现在依旧在）被毁坏。英国的城市以及所谓的“发达世界”正不得不去面对一个长期的去工业化过程。流行于20世纪后半期的大众工业文化的苏醒，促生了一种私有化和放松管制的正统政治理念，并为地方政府锻造了新的“企业”风格。（Hannigan，2003）没有了发展的方向，也没有了来自工业财富与生产力水平的自豪感，我们的城市已经在螺旋式下降，它们如今已成了自己的一个苍白映像，以至于连曼彻斯特和利物浦这类大型工业城市的宏伟建筑也似乎在用时代的衰相来嘲弄它的市民。世界各地的城市都在寄望于通过标志化的手段来实现复兴，就像著名的“毕尔巴鄂效应”那样（参见本书第五章），带来某种人为的、精细计算的快速化学反应，把它们从无法前行或者看上去无法前行的蛰伏状态中带出来。

当城市在一个去工业化的衰退世界中努力去进行身份建构的时候，消费（经常是冒充文化）的吸引力，对于政策制定者、商业开发者和设计规划者，已经变得完全不可抗拒了。城市业已成为创新型人才的圣地，但是，在推进这种创新局面时，我们因为疏忽而制造了这样的一个城市模型，它更多地表达了我们生存的社会，而不是归属于社会的人，或者更确切地说是那个社会的主体。从这一观点看，创新的过程似乎是与市场理念相互交融的，所以，谋求个人建树的任何努力，只能通过市场来完成，尽管只是部分地。

城市已不再仅仅是一个关于我们是谁或是什么的表达，也不再或多或少地作为一个消费经验发生的场所，这是一种把我们捆绑在巩固了作为我们社会规范基础的资本主义优越性的经验。正如克雷克（Craik，1997：125）所指出的那样：“……消费发生的空间和地方，与被消费的产品和服务同样重要……消费在其中发生，并且受到这个为消费而刻意建造的空间的调控，这是一个以提供与消费相关的服务、视觉消费和文化产品为特征的空间。文化资本的路线运行在更为开阔的金融范围之内”。我们在此讨论的问题正是佐京（1998）所指称的“空间嵌入”，文化资本在这里本质上不只是象征性的，更发挥了关键的物质作用，它以自己的方式创造了经济价值。因此，消费空间可以说是现行意识形态的一种物质表现。当消费者主动通过消费空间去寻找快乐时，我们实际上通过参与而成了这种意识形态的同谋。作为文化经验的发生地，消费空间使资本主义体系自然化了，因此，它似乎成为众多选项中的唯一可能。我们作为消费者在消费空间所提供的限制之内生活和行动。

以这些经验的性质以及产生了这些经验的空间为关注焦点，本书的主要意图就是要强调消费型城市的意识形态性质以及我们身处其中扮演自己角色的方式，更具体地说，就是我们与自己生活于其中的社会发生关联的方式，至少在某一种意义上，这是超出我们控制的。我无意于展现一个奥威尔式的社会形象，而是要展示一个在社会控制方式的各个层面都极其微妙的社会景象：一个倡导特殊性与多样性的社会却迫使我们以特定的方式行事，并以特定的方式感知我们的城市，因为，假如我们不这样做的话，我们将会损害我们自己对于社会的理解，并且损害它赋予我们的公民身份的性质。

充分考虑到消费主义作为一种生活方式的权力，消费空间在性质的界定上是悖论性的。承认这一点是重要的。它们为消费者提供了一种特殊的体验，这种体验依赖于他们所消费的环境的当下地形。它们提供了一定程度的多样性和独特性，诱惑消费者去全身心地抓住这类空间所赋予的机会。消费主义的权力实际上是建立在这种通过空间与地点的变化来诱惑消费者的能力之上的。一方面，比如，曼彻斯特的运河街（Canal Street），提供的是一种新颖的男同性恋文化，而纽卡斯尔和盖茨黑德码头周围（Newcastle Gateshead Quayside），则提供形式多样的音乐、美术与标志性建筑的消费。另一方面，这些空间的运行是意识形态化的，它们把城市界定为一个消费的场所。它们赞颂差异，但是，它们是用强行统一的方式来赞美的。对于一个消费社会的公民而言，作为后工业未来的一部分，你只能去消费。本书将深入探讨的是，在一个似乎一切都是可能的，而满足又分明是绝不可能获得的世界里，个人能在多大程度上发掘自己的能动性。

本书旨在全面论述所有这一切对我们的实际城市经验所具有的意义。把当今时代理解为其他任何事情，唯独不是消费世界的附属品，还有这个可能吗？正是为了这个原因，本书取名“消费空间”（Spaces *for* consumption，“供消费之用的空间”），而不是“消费的空间”（Spaces *of* consumption，“属于消费性质的空间”）。这里关注的不是产生消费的空间，而是使消费具有意识形态说服力的空间，并且关注它是如何在城市与它的那些努力去表明他们真正卓越的品质的市民之间制造的种种张力的。消费不仅是事关一个购买的行为，更是一个全面的文化现象，它使得资本主义在日常生活的基础上获得了合法性。从这个意义上说，这也是一本与下列主题有关的书：消费主义以及消费主义的表现方式，也即在我们所接触的物质-情感环境中意识形态的再生产的方式。实际上，本书涉及的是消费的设计编排在空间和地点上的秘密。

消费主义一般被认为是对一个完全被消费所占领的世界的描述。但是，因此认为这是一件必要的坏事将是一种误导。本书的目的在于强调，我们与消费者风景的关系性质是矛盾的：消费能给我们带来的满足感受伴随着一种恼人的意义，消费者的生活完全不像它声称的那样满足。从这一观点出发，构成我们社会基础的消费意识形态，与这些意识形态在对我们身份的建构中所发挥的值得争辩的作用之间的关系，正在我们居住因此也要使之复兴的地方被逐渐展开。消费空间再现了一个交汇点，限制我们的社会或结构与我们将之作为个体能动性来解释的方式在此相遇。

消费的意识形态影响稳固地扎根在我们生活的社会的核心。持续在我们城市发生的城市复兴运动，它似乎保证我们所居住的所有城市都能在某种程度上成为“世界级”的，这已经造成了这样一种环境：

在这里，消费对我们城市以及我们与城市关系的影响是特别脆弱的，当城市变得前所未有的外向的时候，当它们渴望在世界舞台确立它们自己的角色的时候，它们也就同时被迫去反观自己的内心。城市地形学身份的确立就在与消费社会为其设定的限制条件的持续搏战之中。消费显示了我们城市自我界定的一个主要方式，但在这样做的时候，一种情形出现了，统一性与特殊性持续冲突，相互搏战以便引起我们的注意。本书将试图描述并解释这些张力的性质，在此同时，也对城市长远的前景进行了深入地思考，在一个似乎是前所未有的浅薄的世界里，"世界级"或是其他什么等级，却又悖论性地始终具有意识形态的深远含义。

除了消费空间的出现对当代城市所具有的意义之外，本书也涉及公共领域的复兴问题。梁思聪（Sze Tsung Leong，2001a：129）曾经详细谈到过购物已经如何作为一种媒介出现，通过它"市场已经巩固了它对我们的空间、建筑、城市、活动，以至生命的掌控，这是市场经济已经塑造了我们的环境、并最终塑造我们自己的物质后果"。在梁思聪看来，在资本主义全球化的世界上，购物可能就是公共生活的限定性活动。城市由市场来界定。市场的统治性地位对当代社会中个体人格的性质具有重要意义。在本书中，我将坚持认为，城市中自我的性质变化是通过公共领域的被破坏而显示出来的。消费的支配地位制造了一种公共领域不再具有可行性的氛围。代之而起的是一种公共-私人领域，在其中，任何公共性的存在都会被一种个体性的存在所阻止。我们生活在一个交流的机会要比过去更少的社会。事实上，公共领域本质上已经成为一种象征性的、虚拟性的东西。一切公共生活的意图，如我们可能想象的那样，要么化为泡影，要么无法企及，因为，我们的社会建造于其上的交换价值使之如此。有些人可能会惊人地说出：这一过程的表现就是最近流行的对公共性的哀伤和悲痛的大众表达，最生动的一幕也许表现在对戴安娜王妃的公共哀悼中。这一最新情况表明了在一个公共生活已被劫掠而去的个人主义文化中重新争取公共性意义的一种绝望企图。寻求理解城市变化性质的许多著作，在进行研讨的时候并未把自我的变化性质以及个体与社会联系方式的变化考虑在内。在我看来，这两者是携手而来的。物质环境、城市空间越来越受到消费空间的支配，构成了对自我的性质变化和个体与社会关联方式变化的最生动的说明。诸如克兹内特等作者（Kozinets et al.，2004）已经指出的，壮观的环境对消费者的能动性有重要影响，尽管这种环境给消费者提供了一定程度的解脱，这种解脱迅即就被商品化了。消费者当然并非完全被消费空间强制，但是，通过消费为他们塑造的经验不可避免地限制了对个体的能动作用的体验和表达的渠道。

本书的结构

本书试图论述消费在一个后工业的世界里对我们如何想象城市所施予的影响。这个意图表现在对于现存环境下消费被呈现的方式以及公共空间和公共领域的概念最终被改变的路径的批判性思考。本书的每一章都将思考城市作为消费空间的一个主要维度或方面，以便把讨论的各个主题呈现出来，各章节将包括一个或多个个案的研究，以便说明这样的过程对空间与地方产生的影响。

在第二章中，我将在转入对当今和未来城市的内涵讨论之前，着手为城市的个性化过程及其与消费的关系勾画出一个轮廓。在这样做的同时，为了能够大概描述消费者、社会生活经验以及对快感的追求已被消费者的伦理所转换的情况，我将展开“共谋社群”（complicit communality）这一概念。这种伦理所产生的影响，将通过对非空间（non-space）原型，也就是对机场的讨论而得到强调，机场在近年来作为一个特别的城市空间而出现，旅客在其中被迫充当了消费者的角色。

第三章思考的是作为城市旨在跻身“世界级”进程之一部分的“地方打造”（place-making）现象。本章特别强调城市何以被捆绑在创新这个概念之上。对格拉斯哥市的具体体验因此而被加以讨论，这是一场更广泛的讨论的一个部分，涉及到作为“符号”的城市，不论它是否属于“消费者”或属于消费本身。

第四章继续考察文化在城市复兴中的作用以及它作为一个消费舞台的功能。在讨论了文化旅游的性质之后，本章还在考察作为城市复兴焦点的文化街区日渐提升的形象之前，继续对作为消费空间的博物馆进行了思考。本章还审慎地研讨了文化当做一种有利的手段而被利用的情况，无论文化领域最终是否受到致命伤害。

接下来的一章聚焦于建筑在形象驱动的后工业城市概念中的作用。对上海的分析是本章用来说明这个过程的途径，思考的重心被放在了由标志性建筑以及它与体验经济的关系所提供的关键表述之上。为了强调建筑在消费型城市的形成过程中，特别是在我们居住的城市外部生成的景象的形成中所具有的作用，更广泛的中国经验，以及标志建筑中的标志性建筑——毕尔巴鄂城的古根海姆博物馆，均被进行了研讨。

第六章涉及的可能是消费空间最具物质性的形象外观，购物的面孔。在描述购物的历史演进时，本章重点思考了零售业介入消费者“梦幻世界”的方式。我特意把作为一个受限制的公共空间的购物中心作为考察焦点，这样的空间被消费者挪用的可能性也在考察的范围之内。消费空间的情感魅力通过对洛杉矶的环球街市步道（Universal City Walk）的讨论，也得到了进一步的辨析。

第七章集中研讨了“景观城市”这个概念，并且特别关注在一个变化着的全球经济体中，大型活动在城市试图展现自我的过程中所发挥的作用。在讨论世博会和奥运会的作用时，本章的目的就是要强化这样的论点，我们对城市的理解，因围绕城市的特定形象和修辞的建构而得以阐明，并且涉及个体消费者至少在一定程度上是受制约的，他们也可能把那种环境解释为在他们看来是适当的环境。

第八章将注意力转向城市对主题化空间如此依赖的具体内涵的探究。因此，主题公园的强大影响力以及商标化风景的广泛影响将在特别的参照背景之下被加以研讨，这就是为了让城市风景成为一种铭记的方式，并且使一种新型社会关系得以合法化，空间的主题化被挪用的情况。迪士尼乐园以及相应的迪士尼城庆典的特殊影响力被主题化例证来进行讨论，这些可以说就是被莎朗·佐京（Sharon Zukin，1993）所描述的“权力的风景”。在这一章中，一个主要的思考主题就是，在面对要把城市作为连贯主题的一部分包装成商品的众多压力的情况下，城市还能在多大程度上保留其本真性。

在最后一章中，本书力图把促成了被消费空间所限定的城市建构的各条线索汇集串联起来。此处以及贯穿全书所要表达的观点是，消费对城市具有深刻的影响，其影响之大以至于让个体感到城市已被消费的过程所过滤。就此而言，本书的主要关注点就在于要拒绝摒除消费空间重要性的诱惑、而仅仅把它当成对当代城市生活中所特有的权力不平衡现象（对这种不平衡，书中各章均有涉及）的粗糙说明，本书的目的就是要去揭示共谋群体的情感蕴涵并且将消费经验中固有的快感充分吸收到对消费社会的学术批评之中。当然，消费空间似乎决定了我们与城市的关系，对这种决定方式的批评是非常重要的，但是，同样重要的是，在这样做的时候，能以平衡的方法去兼顾消费经验的悖论性质，以及这样一个最重要的事实：在消费似乎牢牢地掌握了我们日常生活的过程中，作为消费者本身也是与之串通一气的。

第二章　个体化城市?

也许，当代社会的限定性特征就是朝向一个更加个体化、私有化的社会的转变。在本章中，我将阐释个体化进程在调适个人与社会的关系方面所发挥的关键作用，以及它因此对我们与城市环境的关系也产生了同样的影响。通过消费所提供的机会，我们能够寻找到的那些我们乐于享受的显而易见的自由，不但重新界定了我们与城市的关系，而且，这些自由也从根本上改变了作为一个当代社会的公民所具有的含义。要归属于这个社会，就要去做一个消费者。因此，可以争辩的是，在一个私有化的世界，我们的“公民身份”，只要它还存在，就是通过我们与公共领域的关系表现出来的——一种以我们与消费空间的互动为特点的关系。在本章中，我还将相应地关注，通过把个性束缚于一个被消费的体验性质所塑造的更广阔的社会化过程，消费已在多大程度上确定了我们个人体验的性质。

共谋社群

齐格蒙特·鲍曼（Zygmunt Bauman，2001）把个体化的历史进程界定为身份从“指定”向“责任”的转变。在当代社会，我们幸运地享有对自由的实验，与此同时，也被这样一个事实所折磨，这就是我们不得不去面对一个明显以即时实验为特征的世界的后果。对于贝克和贝克-格恩斯海姆（Ulrich Beck and Elisabeth Beck-Gernsheim，2001：xii）而言，“不是选择的自由，而是对自我的根本的不完整性的洞察，这是在第二现代性中处于个体与政治自由的核心的任务”。贝克和贝克-格恩斯海姆辨析了以个性化过程为特征的一系列变革，尤其重要的是，与阶级范畴相对，他认为个体生活的文化与政治动力越来越应对社会上留下的个人印记负有责任。这种新的“自我文化”实际上使个体对自身生活的经营成了一个广泛的生活方式变化的一部分。此外，一切自由意识都被内在化了，我们变成了自我筹划的主体，我们是一个自我完善与个人成就饱受伦理赞誉的社会的产物：“选择、决定、实施，渴望成为自己生活创造者的人类，个人身份的确立者，已成为我们时代的核心人物”。如同贝克和贝克-格恩斯海姆指出的那样，过这样一种生活，或者我们可以适当地将之称为“可选择的档案”，它表明下滑与溃败的问题不过是我们生活中始终存在的成见。每一次失败都是你的失败，并且是你自己一个人的失败。从这一观点来看，只要社会的危机总是被解释为个人的危机，或者被当成个人的危机来对待，在个人与社会之间，一种更带随机性的关系被建立起来了。一个个体与世界的关系问题就完全彻底地压在个体的肩膀之上，因此，生活也就被迫成为一个永无休止的自我经营的过程。如贝克和贝克-格恩斯海姆所言，对于所有这一切，至关紧要的是，鉴于自我在先前总是作为集体的附庸，如今，在为自己考虑的同时也为他人生活，这已不再是一个矛盾，而是成为一个为我们的日常生活提供了基础的原则。我们受制于自己的生存，它已成了我们自己的个人规划，这样的趋势造就了我们的社会互动的性质，因此也激励了他者导向的文化同质性。如萨克（Sack）所指出的那样：

> 消费结构的张力指向一个越来越全面趋同的世界，只剩下越来越少的文化、宗教、语言等等，但是，大多数个人手里却掌握了更多的变化。换句话来说，对世界而言，变化已经减少。对个人而言，变化业已增加。(Sack，1988：658)

上述观点表明了感受日常消费世界的消费者面对的一个关键矛盾，所以，萨克是一个有益的参照点。通过本书，我想表达的是，这样的一个环境，不只是一个个体化的推进过程，它也触发了万千变化。它是这样一个过程，一方面，它促生了一个排除了主动社会交往的封闭的自我类型（可以在由视频游戏、DVD、iPod之类的新技术带来的值得争辩的个体化趋势上得到证明），与此同时，在另一方面，它推进了公共生活的一个可供选择的形式，它是这样的一种选择形式：让你能保持你的个性或至少保持你对该个性的意识，并同时在消费所提供的有形机会中拓展你的公共性选择。这与其说是与感官的超载有关，不如说是缘于这样的一个环境，在这里，个体已获得了对自身在商品化空间中遭遇到的消费者形象的控制。这样的空间并非完全是公共性的，但它提供了一种被个体认为是充分具有公共性的集体意识。重复一下，这不只是一个个体化的过程，也是一个共谋社群产生的过程。

上述观点揭示了一个布里尔（Brill，2001）曾强调过的重要问题，他区分了两种不同的公共生活类型：与范围广泛的陌生人相处构成的公共生活和与认识的人的交往构成的共同体生活。我的观点是，在我们生活的这个时代，前者代替了后者。在对公共生活的讨论中，布里尔对景观、娱乐以及快感的作用，特别是对它们的强大的视觉影响力做出了反思。令人感兴趣的是，对于消费社会公共生活的高度概括就是，至少是在浅表层面，它把个体与家庭和地方之外的陌生人联系在一起；借助这一行动，它为社会学习提供了一个可选择的空间，并因此而破坏了严密的社会集团所固有的社会控制方式。这一过程标志着公共生活变得越来越有吸引力，越来越能增广见闻，并且确实也越来越具有表演性了。与此同时：

> 假如公共生活提供了从亲属关系、邻里关系、制度与国家的社会结构控制中解脱出来的机会，这也是一种社会平衡器，它是一个权力不平等的平衡器，至少从暂时的和地方的情况来看是如此，因为入门途径的相对便利，所以，它便成为了一种唾手可得的自由……在公共生活中，我们甚至可以作为别人的陌生人。在公共场所，有匿名的自由和表演、创造个人神话、检验假设和参与虚构的自由，这里有进行改革实验的所有先决条件。（Brill，2001：54）

从以上说法再迈出一步，可以说共谋社群提供了一定程度的可行性、宽慰以及逃避的可能性，它为公共生活创造了一个选择的机会，尽管从某些方面说这种公共生活只是局部性的。

这将我们带回到普特南（Putnam，2001）在他的《独自玩保龄球》（*Bowling Alone*）一书中的讨论，这是对个体化过程最重要的论述之一，在这本书中，他痛悼美国公民社会的衰落。他这样做并非只是从政治参与方面着眼的，而是因为美国人似乎已经不太愿意“参与最简单的公民行动”，比如参加公民集会等。普特南将这一现象理解为对政治和政府的心理脱离。他分析了 20 世纪 90 年代中期的一些事实，在那时的美国，至少打保龄球的美国人的数量是前所未有的，但是，就在这同一时期，保龄球社团在有组织的联盟中地位却已经在直线下滑，这进一步证明了公众参与度的下降和社会资本的消失。在试图解释这些发展状况的时候，普特南引用了一个变化了的、但并非最不重要的解释要素就是休闲的技术变化。他指出，深层的技术趋势正在把休闲时间的利用积极地个体化，最终导致了对社会资本构成机会的威胁。电视在这一过程中已经发挥了重大作用，按照普特南的说法，我们虽然发现了技术的诱惑性和功能满足性，但是，我们得到的这种满足是以牺牲更多公共参与形式为代价的。这里关注的是，随着公共参与度与信任度的下降，出现了一种社会联络衰落的现象。从这一观点看，美国的人与人之间的联系，主要是朋友之间的联系，而不是公民之间的联系：时间是被花费在我们自身、我们亲近的家人之间，我们因此而远离了更广大的社群。这就像是一种“从公共交往中无声的撤退”。这实际上是一个被切断了联系的世界。这种相互隔离的状态曾长期受到社会学家的特别关注，尤其表现在理查德·塞内特（Richard Sennett，1970）著作中的相关讨论，他认为，当下的城市官僚机构积极地限制着人类的发展，并将他们悬置在一种永远的不成熟状态。塞内特的观点是，20 世纪后半期的城市家庭从工作至家庭方面都受到了现代契约符码转换的深刻影响。与此同时，在工作变得越来越占用时间的时候，成年人也就越来越有可能从公共参与中撤退出来，以便保证他们能够享受家庭生活。

许多作者都曾试图更充分地描述城市生活使人类经验质量下降的原因。在各类方法中，齐美尔（1950）的描述也许是最具有重要性的，因为他揭示了现代城市主要是为了计算金钱的需要而被设计出来的这一事实，因此它把通过交易展开的互动方式放在优先的地位。在这样的背景之下，社会生活变成了一个越来越需要计算的过程。在讨论齐美尔的著作时，哈伯德（Hubard，2006）描述了一种情况：“如果没有它在一个牢固的时间（与空间）框架之内被组织和计算的各种关系，城市生活已变得不可想象，它的设计就是用来破坏个体性和自发性的”（Hubard，2006）。有意思的是，哈伯德还继续讨论了齐美尔的学生西格弗雷德·克拉考尔（Siegfried Kracauer，1995）的著作，他写作的 20 世纪 20 年代，目睹了“表面文化”在城市生活的所有方面的兴起，尤以橱窗文化的发展为最，商店借助外部的迷人程度来进行自我显示。作为说明消费伦理日常表现的意识形态含义的一种方法，我们不妨直接引用克拉考尔（1995：75）的表述：“在历史进程中，一个时代占据的位置可以根据对其引人注目的外表层面的表现的分析而得到明确判定，而不能根据这个时代对自身的判断来的认定，外表层面的显现……借助它们无意识的本性，提供了进入事态的根本实质的无中介入口”。在对拉斯维加斯的讨论中，他把这个城市视为非城（non-city）或乌有之城（zeropolis），它既非此地，也非他处。毕高特（Begout，2003）指出：这其实是一个系列的行动过程造成的结果，机械的社会程序在其中转化为一场盛大的服装展览，一个被装饰出来的意义匮乏的繁华城市由此产生。但对毕高特而言，拉斯维加斯走得更远，它读懂了消费，能让一种不经意的消费形式成为城市的特征。因此，拉斯维加斯注定要成为某种类型的避难所，在粗砺的日常生活中，提供甜蜜的补给。消费者被包围着自身的浮华奢靡搞得痴呆和狭隘了。拉斯维加斯自然是一个极端的例子，它受到了消费空间的影响，也因此受到了消费意识形态本身对于城市组织所可能施加的影响。确实，它本身就可以被视为一个消费的空间。但是，也很容易立即不再把拉斯维加斯作为一个消费过度的空间。因为这些空间的成功是有原因的，这些空间能吸引全世界的消费者也是有原因的。而且，只要个体消费者没有受到完全的控制，这就不是一条单向街——消费空间毕竟对有一定的控制，无论这控制会是多么有限。

这里想表达是，社会关联度的下降与消费社会的完全支配地位绝不是一个不相关的现象，至少从局部来说，社会性与公共性的脱节就是消费社会的后果。我们的城市被整合的地方，通常就是通过零售业和消费来对它们进行整合。我们的城市被设计的地方，也就是要把它们设计成能让消费提供的机会最大化的地方，因此，这也只是加强了这样一种表面的意义，即在一个充斥着购物中心和娱乐教育的世界里，社会参与是可能的。从一方面来说，普特南所希望的那种具有因果联系的社会化是罕见的，甚至几乎可以说是不存在的，从另一方面说，这也可以说是对消费型城市本质的一份意味深长的证词。向一个和你一样钟爱某个特定品牌产品的消费同伴投去的会心一瞥，可以说是至为亲密的，但这短暂的一刻是一个意义深远的社会变革的标志。即使是普特南提出来作为这类城市困境解决方案的那些例证——在一个从未有过真正火车站的城市，建造一个类似于改建了的火车站一样的市中心——本身也只是一个局部的解决方式，这是一个建立在消费空间建设的基础之上的解决方案。

> 在表面上，消费世界闪烁着兴奋和变化……但是，消费者的世界并非一切都很平坦，即使只是看表面。它所编织的线索预示着被拆解的厄运。这是一个没有约束也没有责任的世界。它使我们大家都成为仲裁者，去裁定什么消费是重要的以及应该消费多少。在没有强制与责任并且也没有迫切需要的时候，我们为什么选择这一种而不是那一种？在我们没有特殊的计划和任务的时候，我们如何构建社会关系并且界定我们自身？消费世界不受限制的自由可能会同时创造一个失重的、也失去了方向的世界。（Sack，1992：199）

萨克所说的消费世界完全是与购物中心、旅游景点以及主题公园之类的空间有关的，这些地方被制造出来是为了使消费最大化。对萨克而言，这样的空间为商品的展示和商品的生产起到了迷惑装置的作用，正如曼斯维尔特（Mansvelt，2005）所提示的，在这个过程中，它们形象地展现了现实与幻想、真实与非真实之间的张力。在这种背景之下，消费不仅划定了我们生活的范围——它对在这个环境中我们将成为谁、成为什么具有积极的影响。但要说消费直接让我们成为我们本身，那也将是一种误导——更确切的说法应该是，消费的作用是与以当代生活经验为特征的各种张力交互影响的，至少从某种意义上说，我们是这一过程的产物。

在探讨消费社会兴起的较少被引用的文献之一《最低限度的自我》（*The Minimal Self*）一书中，克里斯托弗·拉什（Christopher Lasch，1985）对一种社会变革的模式进行了细致的分析，这个模式已经导致了一个以手工技术为基础的生产系统向一个与技术驱动密切关联的大众生产与大众消费系统的转变，大众生产与大众消费已经把“先前已转让给私人生活”的一切活动吸收到市场的需要之中（Lasch，1985：52）。拉什描述了一种情形，这就是许多批评家都曾嘲弄越来越讲求享乐的自我人格的出现。拉什的立场是，这样的论点是一种误解。他还谈到了自恋主义文化的兴起，但他表示，自恋主义与自私无关。确切地说，是自我被胁迫去用自我掏空的方式来达到瓦解。从这个意义上说，自恋主义的文化实际上就是一种活命主义的文化。在一个日益增长的官僚社会里，个体日复一日的生存越来越显示了情感疏离与自我管理的特征。确实：

> 自恋的文化不是一种必需的文化，在这里，对自私的道德约束业已崩溃，或者说，被解除了社会责任羁绊的人们在追求享乐的自我陶醉的骚动中已经丧失了自我。已经受到削弱的与其说是社会责任和社会戒律的结构，不如说是求活于世的信念。我们可以揣测，一个持久的、普遍的、公共的世界的黯然失色强化了分离的恐惧，与此同时，它也削弱了能够使人们现实地面对这种恐惧的心理力量。它已经把想象力从外部的限制中解放了出来，却又比以前更直接地将其暴露于内心冲动和焦虑的暴君面前。（Lasch，1984：193）

从上述观点来看，我们生活的这个商品世界抛弃了我们。它给了我们一个梦幻世界，一个不能指望它对我们的内心世界和外部世界的压力做出调节的世界。我们被它制服了。我们时时要面对消费世界所呈现给我们的一切。这样一来，“商品世界的存在就像是某种完全与自我分离的东西，但它还同时带着自我反映的外观，这是一个闪耀炫目的形象，我们可以在其中见到想见到的一切。它不是要去弥合自我与环境的断裂，而是要抹去它们之间的差别”（Lasch，1984：195～

196)。在一种似乎是只以挫败我们的欲望为存在理由的文化中，我们不仅把他人作为对照来衡量自己，而且也主动通过他人的眼睛来观察自己。所以说，我们生活在一个公共生活已明显衰落的世界，在这个世界中，我们作为个体是弱小的，并且受制于一个我们感到无法控制的环境。

上述的某些观念是对与后现代主义有关的更广泛的争论的回应。其中的一个观点认为，个人主义的本质就是一个悖论。尽管人们比过去在更大程度上摆脱了规则和戒律的束缚，但他们也对自己拥有了更多的责任（Lipovetsky，2005）。事实上，个体拥有了这样的选择权：接受或者不接收他们身份的选择权，自我约束或者放任自流的选择权。根据利波维茨基的说法，这就是在社会生活越来越被一种“超级消费”的形式所吸收之后的情形，人们在这种超级消费的环境中只为自己消费，而不是作为某种更大的身份博弈的一部分。拉什也认为，个体所居住的世界已不再是一个超脱的世界，而是一个仅仅被娱乐掩盖了真相的紧张、焦虑的世界，或者如利波维茨基指出的那样，“消费主义的及时满足的狂热，对游戏和享乐的生活方式的渴望，当然并没有消失——它们正在被前所未有地释放出来：然而它们是被封装在一个恐惧和焦虑的神圣光圈里的”（Lipovetsky，2005：46）。在一个超级现代的世界，集体机构的规范性权力已经被削弱，其结果是个体似乎更加独立于社会了。正如利波维茨基指出的那样，这应该说是一个不稳定的自我，而不是一个被宣称为自我控制的状态。在这种情况之下，我们可以确认，为了支持一个身份的两极在形式上都更具临时性和特殊论色彩的世界，一种被置于“抽象的公民原则”之上的价值衰落了。宏大的政治原则如今已变得那么遥远，这一事实意味着个人幸福即将到来，并同时对一种明显不可能获得的集体主义显露出一种内在的渴望。

在上述过程中出现的是一种新型的公民身份，在这里你能否获得这种身份是由你的消费能力决定的，正如鲍曼（1998：1）在他对“有缺陷的消费者”的讨论中所指出的那样：

> 在一个生产者和全球化雇佣的社会，做一个穷人是一回事；在一个消费者的社会，做一个穷人是完全不同的一回事。在这个社会中，生活规划是围绕着消费者的选择，而不是根据工作、职业技能、就业来制订的。如果说“成为穷人”曾经是从被解雇这一状态生成它的语义的话，如今，它主要是从一个有缺陷的消费者的困境中汲取意义的。

在这种情况下，公共性的衰落呈现了新的意义，消费空间似乎提供了比以前更多的可能实现的制造意义的机会。个体的公共-私人性经验开始受到自己的消费能力的限定，受到个体把自己当做一个消费者的能力的限定。公民的本质也受到了消费能力的限定，或干脆声称公民身份就是个体作为消费者的经验来体现的。桑德斯（Saunders，1993）就是这样讨论从社会化消费到私人化消费的转向的。对桑德斯而言，消费的私人化在这里已成定局：它是成熟资本主义的一个结构性特征，并且确实可以说它构成了当代公民身份的基础。因此，只要它还存在，没有必要的维持消费的物质财富，消费者的选择权便是毫无意义的。根据桑德斯的看法，消费从社会化向私人化形式的转变，对被边缘化了的少数家庭构成了一种真正的威胁。在桑德斯看来，市场使自利的行为成为可能，但它又不是直接引发这样的行为的。从以上观点来看，国家越是试图更多地介入到人们的问题中来，自愿的社群互助形式就衰落得越快，并且，具有反讽意味的是，对国家干预的需求也就越大。正如桑德斯所说，“假如你的目标真的是去保持社会的凝聚力，那么，就应该继续加强私人领域，而不是需要我们为之寻找解决方案的公共领域……缓慢地出现在集体福利系统的废墟之上的私有化社会渴慕的前景不是社会与道德的解体，而是新的积极形式的公民身份的出现，它是以个体竞争和从底层涌现出来的社团与社交的真正的集体形式的发展为基础的。”拉什（Lash）和尤瑞（Urry）也表达过类似的观点，他们认为，一种新型的消费公民可以说已经出现了，在这种情况下，社会行动者通过他们消费的商品与服务把自己变成了公民（Lash and Urry，1994）。

这里的关键问题是，这种公民身份是否是虚幻的，以及它是否提供了个体需要的那种支持，又或者，它是否只是把个体绑在了其实际上无法控制的消费文化之上。在对上述观点的论辩中，伊辛和伍德（Isin and Wood，1999）认为，在现代自由主义的背景之下，文化的公民身份作为一个领域而出现了，在这里，生产、分配与消费文化的权利成为了斗争的关键。在界定自由主义的时候，伊辛和伍德指出，这一学说坚持个体的优先性以对抗集体的诉求。但是，这里把个体能够通过消费的舞台开发出多少自由放在了论辩的中心。根据伊辛和伍德的说法，国家公民及其固有的把“处于社会斗争中心”的权利和义务作为关注焦点的倾向，对于把消费当做自由的这种过分简单化的理解，可能提供了一种平衡作用。

消费公民

在这里要尝试性地提出的观点是，或许是消费制造了一种新型的公民，这种新型公民将个体带离了政治领域，并把私人-公共领域作为优先的替代位置。伊辛和伍德指出，在一个日渐碎片化的世界，各类身份激增，公民的性质具有深广的内涵。这个世界较之过去似乎更缺少确定性，而且，讨论仍在继续并触及了为什么会最终出现精神分裂症的身份这类问题。在一个符号具有支配地位的世界里，后现代的选择是让人心照不宣且又具有反讽意味的，明显不存在任何真正形式的公民身份的可能性。在一个意义生产和消费知识变成了硬通货的世界里，个体从这类束缚中被解脱出来了（Isin and Wood，1999）。这里所描述的世界是一个这样的世界，消费者明显受制于日益增加的机会和生活时尚空间，他们能从这里开拓出多方面的自由，但是，这些自由，真正的自由或者不那么货真价实的自由，都尚未被控制在新的政治安排和权利形式之中。

我的看法是，上述的环境构成相当极端，以至于公民身份的重构把政治远远抛在了一边。充分考虑到市场在公共服务中的作用，另一种理解公民身份的方式就出现在“作为消费者的公民”这一范畴中，但是，这里的一个主要问题在于，消费者的权利在公共领域比在私人领域更为有限（Prior et al.，1995）。让市场能够给予如桑德斯所期望的那种真正的自由与选择，这似乎是完全不可能的。因此，对许多人来说，选择的自由是一个文化资本的问题。父母保证他们的孩子成功进入最中意的学校的能力，将会受到他们通过教育系统的不确定性来施展手段的能力的影响。这样的一个系统与自由选择无关，因为某些消费者对所涉及的问题远比另一些更有处世才干，此外更要有进一步确保运作最大化的经济财富的支持。迁居以便把孩子安置在一个最理想的学区的做法，就是这种情况的一个恰当例证。消费的自由就是大多数所谓的“消费者”完全不曾有的自由。

成为当代社会中的一员并且向社会证明我们的归属就是要成为一个消费者：在消费社会所提供的尽管只是部分自由的炫目光亮的对照之下，政治活动的领域已显得有些不充分、易操作并且也无足轻重了。在这个意义上，城市充当了一个聚焦点，或者如伊辛和伍德（1999）所指出的那样，它成了一个为全球化的经济和社会力量及其与地方的关系展开物质表达的冲突区域。痛快地驳回任何类似下面的论调是容易的，这就是地方的身份表达在当下这样的背景之下已变得不可能了。这自然是一种简单化的理解。然而，这里要表达的意思是，公民身份得以构建的舞台如今已被指定，所以，地方的影响在本质上必然是局部的。

消费城市

对于城市来说，这一切意味着什么？洛芙兰（Lofland，1998）谈到在一个明显的从公共领域的撤退中，技术已经如何催化了参与活动。一方面，也许，冰箱的普及意味着对超市的依赖减少了，数字电视则意味着去电影院次数的减少。当然，还有汽车，它基本上就是一个私人的领域。如洛芙兰指出的那样，塞内特的著作，在这个研究领域具有特别重要的意义，他确认了一种更加非个人的公共性的出现：非私密关系的衰落。为此，洛芙兰引用了托克维尔（Tocqueville）的论述：

> 个人主义是一种冷静的、深思熟虑的情感，它使每一个公民都把自己从大量的同伴中疏离出来，并撤退到一个家庭和朋友圈子，伴着这个根据他的趣味形成的小社会的出现，他乐于把更大的社会留给其自我守护……我见过数不清的人（原文如此），他们都大同小异，为了寻求些微、平庸的快乐，去让心灵得到餍足，不时地围坐在一起。他们中的每一个人，退回自己的小天地，几乎不知道别人的命运。人类（原文如此），对他而言，是由他的孩子和他的朋友构成的。至于他的其余的那些公民同胞，他们虽近在咫尺，但他却没有注意到他们。他触到了他们，却毫无感觉。(de Tocqueville，1988：691～692)

本书是以如下的认识作为前提的，这就是城市在某种意义上根本就不是一个地方，而是一个具有历史特殊性的"观看之道"（Donald，1999）。从多种角度说，当代城市是当代消费资本主义运行其下的市场体系的产物。在当代社会结构中，市场的意义得到了详尽的记录。阿尔德里奇（Aldridge，2005）讨论过这样一个事实，即"市场"这个词，或者说至少是前市场的意识形态是披着多种伪装的，其中包括选择、消费者主权、繁荣与自由。另一方面，市场的批评者可能会争辩，市场导致了一个去人性化的、不平等的社会的出现，它“被商品迷惑并且被跨国公司所奴役”（Aldridge，2005：31）。因此，从一种马克思主义的观点来看，自由市场所提供的选择度是病态化的，并且与人类的真正需求没有多大关系。也许，最重要的是，市场似乎在一定程度上激励了个人自律、事业心和自信。但正如阿尔德里奇接下来所指出的，这里的难题在于，自由市场的拥护者倾向于至少包含着这样的意思，即市场在某种意义上是自然现象，可以任由其自然发展，其结果是每人都会受益。不论其好坏，这在某种意义上是市场的“性格结构”吗？

尽管，也许是因为它对个体生存的影响，市场在个体的性格建构中确实发挥了根本性的作用，而且用的是它曾影响了我们生存于其中的更广大的地方性格的方式。这一过程的最终结果只能是一种事先预定了的城市身份，而不可能有其他情况发生。这里想表达的观点是，消费、市场的物质表现，预先就积极地设定了界限，消费者只能在这个限度之内与观看的模式发生联系。换句话说，我们对城市现实的感知受到了我们与消费的关系的控制，但是，这并不一定就意味着身份的丧失，更准确地说，这是一种身份的调适。消费限定了那些我们既寄居于其物质环境又融入了其情感表现的地方状况。如果说城市是社会规范、行为准则与变化趋势的一种表现的话，那么，从逻辑上推导，也就意味着城市将成为一个同质的实体。本书一以贯之，我想表达的观点是，对于当代城市，最让人感兴趣的是，消费空间的存在从实质上说并不是偶然的。它们不单是作为一个规划过程的产物，也不是一个生产-消费独立过程的结果。事实上，消费空间在一个不稳定的世界里为消费者提供了一定程度的确定性（Miles，2000）。没有了任何可以号召的公共领域，消费者只好退而求其次：这就是一个安全的、高度监控的和可以预测的消费世界。如此说来，消费者也就不是消费主义控制的生产世界的附属物。在所谓的消费自由被明文俱现的条约中，他们是目标一致的（可能是不平等的）的伙伴。上述语境中的一个关键问题，就是我现在要接着讨论的愉悦的问题。

作为愉悦的消费

消费的公共魅力在于它作为一个快感领域的职能。至少在一方面，消费的世界可以被恰当地界定为快乐的世界。彼得（Peter，2007）讨论过 1925 年至 1940 年间英国娱乐建筑兴起时的情况。他的研究是以城市崛起的时代为背景的，此时，城市的居住者正不得不承受一种“被过度激活了的”环境。彼得描述了一个寄望于休闲能在人们生活中发挥越来越重要作用的情境。休闲有效地再现了未来的承诺。为此，彼得引用了乔治·奥威尔（George Orwell）在 20 世纪 30 年代对休闲的论述：“现代文明人的娱乐观念，已部分地在更加豪华的舞厅、电影宫、旅馆、饭店以及奢华的航班中得以实现。一次快乐的漫游，或在里昂街角茶座用茶，对一个人来说不啻于见到了未来的天堂。”因此，在工业化的背景下，按照彼得的看法，娱乐的建筑为公众提供了一个可以发泄不满的环境。然而，在另一方面，这些快乐总是处在被谴责的危险之中，因为，娱乐是注定有罪的，发生犯罪行为的空间应被作为不公正的窝点而取缔。（Peter，2007）

然而，城市的意识形态职能本质上不再是道德的，或者至少消费话语显示它不应是道德的。消费空间是快乐的，但它们的快乐明显是短暂的。最重要的是，这样的空间承担了转移注意力的功能。但是，不应该由此推断，这必然就是一种完全成熟的马克思主义意义上的虚假意识，因为，如今的消费者见多识广，他们足以明了自己至少在一定程度上是被操控的。关于被消费控制的城市环境，最让人感兴趣的问题是消费者是知道这些限制的，并且事实上也乐于接受它们。消费者在这个过程中至少看起来是主动并有意识地与之合谋的，他们为放弃理论上应有的自由做好了准备，以便去体验消费主义不得不提供的有限的自由和欢愉。消费空间并不是单向权力关系的直接后果，它们是一个商定了的极乐世界的产物，消费者在这个极乐世界中消费，消费也在这个极乐世界中获得了其权力结构的形式。

机场，个性化与愉悦

与本书其他各章相比，我想聚焦于消费空间的一般例证，并以此来结束我对消费与个体化之间关系的思考。消费空间的这些例证证明了上述许多问题的要点，我还将在全书中不断回顾这些要点。劳埃德（Lloyd，2003）思考过城市的主题化空间在快感与欲望的重新铭写中发挥的作用，他将这一最新发展状况与一种新型机场的出现联系起来，这些机场不再是供人通行的空间，而是人们花费时间的地方，闲逛成了一种对经济有益的活动。实际上，纯粹的消费行为也就成了显示公民身份的行为。在这样的背景之下，劳埃德把消遣经验看作是以本身为目的的——因此，旅行者只在“在旅行经验的表层”陶醉沉迷。

旅行的重要性在于它证明了我们生存于其中的世界日益增长的去领土化的本质，在这样的情况下，任何的公民意识被从我们所居住的地方移植到消费社会的更广泛的观念之中。在对劳埃德的著作进行更细致的思考之前，值得深入探究的是下述情况，这就是现代城市环境把表象放在了现实之上，并因此而改变了旅行者与空间的关系。丹尼尔·布斯汀（Daniel J. Boorstin，1987）在他的《形象：美国虚假事件指南》（*The Image*）一书中，谈到了一种人工合成的新颖之物，这种新颖之物受到了美国经验——也就是虚假事件的支配：这是一种以被报道和被复制为直接目的而设计出来的事件。对布斯汀（1987）而言，我们业已创造的进步，转而制造了一种“位于我们自己和生活事实之间的非真实的丛林”。从这个观点来看，我们正生活在一个不理性的、期许过高的世界之中。

> 人们从来没有这样被他们的环境所掌控，人们也从来没有感受到这样的受骗与受挫。因为，人们所期许的从来也没有比世界能够给予的高出这么多……我们已如此惯于接受我们的幻觉，以至于我们错把它们当成了现实……这是我们自制的世界：形象的世界。(Boorstin，1987：4～6)

在一个消费社会，形象承担了一种新型的社会传播功能，这也就意味着，我们对自己所在地方的世界地位的判断方式已经与过去迥然不同。这一过程的关键因素在于我们对地方的双重期待：它既近在身边又远在他方，既富于异国情调但又似曾相识。这一进程制造了对幻觉经验的一种需求，我们付费让别人为我们制造这种幻觉。对布斯汀而言，这种幻觉经验到20世纪中期为止已变成了美国人的专利，以至于旅行的经验已经越来越被稀释，并具有了人为设计的痕迹：一种为成千上万的据说是志同道合的旅游者而设计出来的让人感到欣慰的、无风险的经验。

上述问题，在提出过“超现代性人类学”的奥耶（Augé，1995）的著作中，已经被从空间内涵的角度更直接地讨论过，奥耶的观点是：超现代性是指“一个世界从此开始向孤独的个体投降，向短暂性、临时性和瞬间性投降”，这个世界产生了“非地方”（non-place）：这是不能被相关性或者历史性，或者是与身份有关的任何信息所界定的地方。旅行者的空间是典型的“非地方”，因为他们只是以不完全的方式介入“非地方”，因此旅行者成了他们自己景观的主题：“仿佛观众的位置成了景观的核心，仿佛观众席上的基本观众成了他们自己的景观”。因此，观众是被虚构的“普通人”。就旅行者或者是真正的闲逛者而言，一旦个体通过了安检，他就被抛入了免税购物的虚假现实。在这里，购买能承受得起的奢侈品的机会还是次要的。因此，在奥耶看来，出行者不具挑战性的孤独和短暂的体验，对感受了安慰和亲情的角色本身来说已经足够了：“受到温和的占有欲支配，他自己以多少有些精于此道或者说以心悦诚服的方式向它屈服，在那一刻，他——如同一切着了魔的人一样——品尝到了身份迷失的被动快乐，以及更积极的角色扮演的快乐”。“非地方”是与乌托邦的相对的概念；它存在，但它不包含任何社会组织，它主要被经济方面的因素所限定，并且也被共同体的缺失、不可预知性的缺失以及差异的缺失所限定（Augé，1995）。在这个意义上，机场是消费社会正在进行的更广泛的个体化进程的象征，它同时也象征着这些过程在以杜撰的公共性为特征的环境中被表现出来的方式。

机场在多重意义上都是“非地方”的例证。如劳埃德指出的那样，在全球旅行者的数目与全球消费者的数目密切关联的背景之下，这种情况并不让人感到吃惊。机场可以说已成为一种超级空间，它为国家领土和全球性空间提供了临时的连接。在艾耶尔（Iyer，2001）看来，机场是建在基于以下这个潜在的假设之上的，即来自其他地方的每一个人，因此也就是这里的每一个人都需要某种东西让自己有在家的感觉。为此，机场就变成了一种一般性的空间集锦。

> 机场的凄楚和紧张就在于，生活正在被无可挽回地改变，人们没有任何办法让自己稳定下来，除了在“咖啡人”餐厅的出口，空中观景广场，以及在讲七种不同语言的斯玛特卡特行李寄存处（至少是在洛杉矶）。所有在家的舒适感，都与个人无关了。

艾耶尔认为，全部的飞行过程，让我们漂流在一种与匿名空间的暂时的亲密接触状态之中，这是一种暂停在动画片中的灵魂出窍的状态和精神恍惚的梦境。消费提供了满足这种状态的资源，因为，它向旅行者展现了一种个体化的“快乐等待”形式。所以，近些年来，机场已经被重新定位为开心的场所，零售业处在这一最新发展的核心位置。在这样的背景下，奥玛和肯特（Omar and Kent，2002）指出，首先，机场的旅行者成了被零售业俘获的顾客。按时抵达或是暂离日常

图 2.1 诺曼·福斯特（Norman Foster）设计的北京 2008 年奥运会新机场航站楼。(Photo Andy Miah)

约束带来了轻松的感受，旅行者发现自己处于一种松弛的过渡状态，“自动的消费行为”受到了刻意的激励。这样的空间通常被推销给当地居民和旅行者，伦敦的盖特威克机场就是一个很好的例子。然而，正如托马斯（Thomas，1997）所指出的那样，机场环境中市场营销人员的主要特点，就在于占据了压力水准下降和兴奋水平上升的优势，托马斯把这个时期标示为“快乐的时光”。

为了解释这种独一无二的城市形式，富勒和哈雷（Fuller and Harley，2005）认为，机场的最新发展标志着一种亚稳态城市形式的兴起，它一直在变化着，似乎有趋于稳定之势。对富勒和哈雷而言，机场是一个被设计用来尽可能有效地推进大规模的全球运动的城市类型（Fuller and Harley，2005：11）。在实现它的这一职能的时候，机场明显地去除了差异性并增加了毫无生气的一致性。作为一个空间类型，机场最让人感兴趣的是，“存在于公共性与私人性、休闲与工作、开放与封闭、全球与地方、完整与不完整之间的传统差别，都被彼此叠合在一起，创造出了一个多向反应的空间”（Fuller and Harley，2005：105）。从这一观点看，机场更像是一个“他者空间”，而不是一个非空间：一个真实的、侵越性的空间，被连接在无数其他空间之上，并且在这种连接中，潜存着与其他空间的抵触。在对一个此类侵越案例的分析中，品洛特（Pimlott，2007）描述了机场从20世纪80年代开始日渐商场化的过程，他还指出，在作为建筑类型的机场与购物中心之间存在明显一致性。简单地说，为了控制消费模式和大量消费者的移动，两者都提供“持续体验”的景观。

> 如果说还不是这个环境的核心的话，那么，作为附属的功能，机场的内部早已让渡给了消费，如同和它们越来越相像的购物中心一样，它们也把自由——得到了广泛的社会意见的认可，先天地深受意识形态训谕的影响——提供给了由此经过的大众。（Pimlott，2007：293）

在品洛特看来，机场增强了一种旨在安抚消费者的闲散氛围。机场是一个幻影般的内部空间，它使个体从外部世界孤立出来，并且使个体向信号、符号以及环境的即时再现臣服。零售业的空间对机场是至关重要的，这当然是从经济意义上说的，但它同时也是维持机场整个机能的一种手段。就品洛特所谈的内容而言，只要消费者把流动的自由、消费的自由与他们通过旅行本身所体验到的自由联系起来，这个过程就会发生作用。机场的环境因此也就把消费自然化了，并且迫使消费者去成为那个环境里消费生活的一部分。因此，解释当代机场的另一条路径，就是把它作为一个主题化了的环境（对这一现象更详尽的探讨，请参见本书第八章），从这个角度出发，戈特迪纳（Gottdiener，2001）认为，机场航站楼特别让人联想到我们会将之与购物中心联系起来的巨大空间，它们的主要特征就是拥有一个额外配置的符号系统。在调动旅行者沿途前行的符号之上，还有一个层次完全不同的符号在运行，这是为了确保作为消费者的旅行者角色在他们处于去领土化空间的时段里能够保持其至高无上的地位。

在高登（Gordon，2008）的机场文化史著作中，他谈到了诸如维克多·格伦（Victor Gruen）的商业开发的理论在对 20 世纪后半期机场建筑作品的影响上已变得越来越比格劳皮乌斯（Gropius）或者勒·科比西埃（Le Corbusier）等人的理论重要的原因。从这一方面来看，重要的是这样一个事实，即到 20 世纪 90 年代中期为止，国际航班的平均候机时间是 2 小时 23 分钟，在 911 事件之后的全世界各个机场，这是一个只能随着更加严格的安全标准的实施而增长的时段。机场航站楼的环境也像商务舱的候机室一样，都专注于零售业的配置（已经越来越向高端的方向变化）。但是，对机场作为一个消费空间的更彻底的改造，可能在纽约的肯尼迪国际机场得到了最好的说明，到 20 世纪 60 年代中期为止，机场为 1.9 万人提供了工作机会。它本身就被设计成了一个浮华的旅游景点：这是一个广告，不只是为纽约和喷气式飞机的奇观所做的广告，同时也是作为美国生活方式的一个广告（Gordon,2008），以至于其中心区被称为“自由广场”，在公共宣传中，它被认为是要“通过迷惑眼睛来缓解旅行的压力”。凡尔赛宫花园在它当初逐渐闻名于世的时候，曾经为旅游终端城市提供了一个中心广场的模型。如高登暗示的那样，它的目的是要暗示一种无限可能性的感觉。高登把航站楼描述为“终极的消费者状态”，当新的航站楼在 20 世纪的后半期兴起的时候，高规格的零售业配置越来越成为普遍的选择。当然也会有可争辩的案例，认为机场是一个展现现代社会潜在力量和焦虑的地方。确实，对高登（2008）而言，尽管机场仍旧处在变革的临界点，尤其是在一个至少还明显潜伏着恐怖的世界背景之下，它已不再持有乌托邦未来的希望。也许，这种情况已在机场发展的一个艺术范例中得到了最好的证明，这就是正式开放于 2008 年 3 月的希思罗机场第五航站楼。这座航站楼由理查德·罗杰斯（Richard Rogers）设计，建设成本高达430亿英镑，第五航站楼可以每年接待3 000万游客，配有超过100家的商铺和饭店。这座新的航站楼一次储备的货物，足以保障希思罗机场一半数量的零售业的供应。瞄准市场的奢侈品终端，第五航站楼展现了一种雄心勃勃的努力，在一个严重的经济下降周期里，这样的努力看起来使风险越来越大。新航站楼最著名的特点之一就是缺少座位，一些批评家曾把它描述为一个玩世不恭的设计策略（Gordon，2008）。但是，希思罗机场自然也像它的大多数欧洲竞争对手一样，必须沿着严格的商业路线运行：它实际上是一个巨型的购物中心。尽管美国机场的最大收入是通过欧洲、亚洲旅客的汽车租赁，但零售业仍旧当仁不让。

在上述语境中，梁思聪（2001b）曾把机场购物描述为“购物进化中接下来的关键一步”。从这一观点来看，机场零售业就是它所在的时代新型的百货商场和购物中心，因为它构成了一个迷人的空间，消费者在其中的体验可以被集中诱发。愤世嫉俗者也可能争辩说，上述的一切也构成了对当代城市的一个理性的定义。与其说是便利了旅行者的搬运，这里的看法是，今天迷宫般的机场的作用就在于要减慢旅行者的脚步，制造一个以购物为重的局面。在梁思聪看来，机场购物就是购物的最佳状态，主要是因为它的可控的、类似实验室的消费空间保证了机场能成为一个运行良好的经济实体。在这个意义上说，BAA集团60％的利润是从机场出口的零售业中获得的，它是世界最大的机场商业运营商，经营着包括希思罗机场在内的七个英国机场，以及其他的许多海外机场。从梁思聪的角度来看，机场购物是当今这个由消费者驱动的社会获得复苏的最灵验的妙药，唯一的问题是，它如何能够保持长久？

结论

本书的一个更重要的思考也是一个关注的重心在于，以上的万能灵药，在面对世界的何去何从的问题时，能告诉我们些什么？这个过程的基础在公民概念的复兴中，无疑被消费者的作用予以巩固了。消费社会正在以它自己的表达不断更新着公民的观念。个体与消费的关系相应地成了个体与社会关系的产物，后者的关系是被个体作为一个消费者这一事实所界定的。消费空间把我们作为消费者而孤立在一个“茧”中，由此，我们似乎被迫通过消费去界定消费声称能够给予的自由。或许，值得回顾西格弗雷德·克拉考尔的观点，他在下面的一段话中谈的是20世纪20年代的旅馆大厅，但从某种意义上说，可能很容易用它来评价当今机场上见到的消费空间。

> 从拥挤和喧闹中走出，一个人真的从“实际的”生活的差别中获得了某种距离感吗？然而，他并没有服从于一个对这些决定的以上有效性领域划出边界的新规定。正是通过这种方法，一个人可以消失在不确定的真空，被无助地贬低为一个“如此这般的社会成员”，他像是多余地远远站在一边，就在演出使他自我陶醉的时候。这种团结的失效，本身就是虚幻的，因此也不会导向真实的存在，只是更深地跌入了一种令人生疑的无差别原子的虚幻的集合，这个世界的表面便是由这些无差别的原子构成的。（Kracauer，1994：179）

对于克拉考尔来说，一个表象的世界，尽管背叛了一个缺乏一定深度的世界，却也提供了隐秘的潜能。“大众装饰”是有潜在的进步意义的，它是作为一种新型的集体而被再现的，这个集体“不是按照社群的自然联系组织起来的，而是通过个体的功能性连接而形成的一个社会大众组织”（Levin，1995）。在这个意义上说，似乎只能听任被莱文所引述的作者克拉考尔本人来做最后的解释了。克拉考尔对于待业办公室的讨论，说明了物质空间在社会再生产中的作用。然而，在一个社会，也可以说是在一个如今已基本上被消费所界定的公共领域中，他对这类问题的思考是始终具有先见之明的。在本书的其余部分，我将探讨消费作为社会关系仲裁者的作用。实际上，我想阐释的是，在一个城市环境下，消费在建构和减少我们梦境方面所起到的作用。城市的个体化过程，至少从某种观点上说，已根本算不上是一种个体化了。

> 每一个典型的空间都是被这种典型的社会关系所创造出来的，它表现于这个空间之中却并未打断意识的介入，意识所忽略了的一切，通常被忽视的一切，都参与了此类空间的建构。空间的结构是社会的梦想。只要有任何这类空间结构的形意符号被解码破译，就会有社会真相的基础被揭示出来。（Kracauer，1994：37）

对后工业社会的基础最好的理解，也许是应把它看做是通过一个模型建构出来的，个人的梦想在这里被市场筛选，这种筛选等于默认了双方的梦想，人们通过他们所拥有的消费空间展开了这些梦想。在下一章中，我将把注意力转向以下问题：城市为什么变成了这些最新发展问题的焦点。

第三章　创造城市

20世纪的最后二十年见证了一种新型城市的崛起：一个明显复苏了的后工业城市，一个表相化的城市、一个包罗了万千变化的梦想的城市。如同存在不同的观察角度和不同的感受方式一样，后工业城市也有着不同的运行方式，而其核心就在于一种企业化的立场，它实质上就是在创造对资本积累有利的合适环境（Hubbard and Hall，1998）。这样的发展把它的基础建立在这样的认识之上，即消费城市和真正的消费空间对21世纪的城市生活经验已具有非常重要的意义。在本章中，我将对后工业的、企业化的城市发展做出一些思考，并且提出这样的问题：城市在表面上所提供的一切，是否能够真正地在现实中实现。

作为消费经验的性质变化和城市消费者经验的实质性变化的一个主要标志，消费空间的出现只能在一个广阔的经济进程中被加以理解，这一进程似乎正在从被许多评论者称为“企业化”城市的兴起过程中获得坚强的支持（Hannigan，2005）。我在本章中将会思考企业化城市的构成，以及这样一个城市生活概念对于作为消费空间的城市的长远未来可能具有的含义。本章特别把从格拉斯哥市得到的教训作为关注的焦点，目的在于发展出一种洞察城市管理各类问题的能力，这些问题已经导致象征性的城市与实际感受到的城市之间的某种程度的分裂，这种局面就是："地方如今已成为用来生产和消费的商品"（Hall，1997：65），或者是如科特勒（Kotler，1993：11）指出的那样："地方，实际上已变成了产品，它的身份与价值必须被设计出来并用于推销。"

后工业的未来

对作为一个消费景点的城市的重新构想，是与工业城市衰落背景下的经济复兴需要以及真正的全球经济的兴起相关联的。因此，已经出现的变化可以被认为是一种新的城市共识，或者是阿兰提斯等人（Arantes et al.，2000）所说的"城市的唯一思路"。就英国而言，主要的问题自然是作为制造中心的城市的衰落。如沃德（Ward，1998）指出的那样，20世纪70年代到90年代之间，英国失去了45%的生产岗位，而这个缺口必须被填补。与此同时，全球化过程带来了新的压力，尤其是制造业向东南亚的转移。琼斯和埃文思（Jones and Evans，2008）指出，英国城市的去工业化进程是与城市人口流失这一特别具有破坏性的趋势相伴而来的，诸如利物浦和曼彻斯特这样一些城市已经感受到了人口流失的恶果。在这种情况下，企业化的城市提供了一个产生就业机会的方法，尤其是在服务业领域，其目的就是让城市可以相互竞争，在新的服务业、通讯业、媒体与生物技术行业这些可以被广泛地称为信息与知识密集型的经济体中，把自己作为一个理想的地点销售出去。在这样的背景下，竞争可以被说成是一个途径，它把城市变成一个做生意的成本低廉的地方。尽管可以认为新型的基于服务业的城市提供了一种对关键行业有吸引力的混合属性，但如琼斯和埃文思（2008）以及克鲁格曼（Krugman，1996）所指出的那样，也有许多经济学家已经对城市这样的区域性单位展开实际竞争的可能性程度进行了质疑。

在萨维奇和坎特（Savitch and Kantor，2002）以及肖特和金（Short and Kim，1999）这些作者看来，全球化进程引发了城市变革，城市在这一背景下正持续进行重新设计和定位，在这个意义上说，城市是全球化进程的具体体现。事实上，城市已成为了全球化过程的空间表达。以知识为基础的经济增加了面对面接触的需要，也增加了把专业性服务集中在一个公用场所的环境需要，它使交易尽可能简便，使城市变成后工业时代的生产中心。城市是这个世界的创新孵化器，与此同时，它作为运输中心的作用也就意味着它处于这一变革的地理学的心脏（Savitch and Kantor，2002）。不管是纽约或伦敦这样大型中心城市，还是格拉斯哥或里尔这样作为工业中心的二线城市，抑或者是不得不从实际上已经过剩的运输模式中恢复过来的港口城市，所有城市都不得不去适应这个新的环境。

> 城市等级的重新洗牌，已将旧城与新城带入了一场为确保自身福利而展开的竞争性的争夺之中。当老工业衰落和新的投资模式兴起的时候，市民与政客都被牵引着，去为他们的共同体在新的经济秩序中寻找有利的位置。在这一过程中，城市可能被一种特定的焦虑捕获——这是目的与手段的内在冲突，这是一种认为共同体非生即死的信念，也是一次发起更快行动的冲锋。（Savitch and Kantor，2002：8）

后者已经创造了一种特定的情境，身处其中的城市正在为了经济的劫后余生而不得不与全球化范围内的其他城市、其他地区展开竞争。因此，杨（Yeoh，2005）讨论了全球化对东南亚城市的影响。她认为，资本主义的区域性重构已经导致了对城市与外部世界联系方式的重新评价。在这一背景下，许多东南亚城市曾经试图把自己展现为真正的全球化巨型发达城市，以便和它们的欧洲对手展开竞争（亦可参见布罗德霍克斯［Broudehoux，2004］）。这个过程给东南亚的城市带来了特殊的问题。在这里，对全球化城市的重新构想较之西方，有一种更集中于空间的倾向，一个巨大的裂隙因此而出现在区域性的巨型城市与它们的第四世界的身份之间，这就提出了一个意义深广的“文化正义”的问题，这对所有走上全球经济舞台的城市来说都是一个至关重要的问题（Yeoh，2005）。

比较确定的是，资本主义经济的全球重构已经创造了这样的一种环境，城市在这样的环境中不得不越来越像企业那样去思考，盘算着从文化投资中获得最大收益（Short and Kim，1999）。资本的流动已经创造了一个环境，区域与城市在这个环境中已越来越自动地充当了竞争性的经济实体，一个城市越是具有全球性，它的经济依赖性也就越大（Stevenson，2003）。这个进程的后果便是一个都想出人头地的竞争局面的出现，身在其中的城市，为把自己塑造成一个前后一致的角色，或者找到一个有利位置，正在相互厮杀。工业城市感觉到自己处于困难的处境，因为它们过去的工业化基础设施，确实与后工业的远景不相匹配。而消费则指出了一条走出困境的道路，它为竞争型城市造就了能让其获得全球化认证的形势（Stevenson，2003）。

在试图辨明构成企业型城市崛起的诸多条件时，戴维·哈维（David Harvey，1989）的著作是特别多闻博辩的。哈维为这样的一种环境感到哀叹，城市化的研究已经与社会变革和经济发展的现状分离开来了，而城市化进程的实际状况就存在于这些变革的核心。一方面，哈维对物化城市的诱惑予以警示，由此而言，城市必定是积极的行动者，而不只是“物”，以这一观点为前提，企业型城市拥有以下三个主要特点（Harvey，1989）：

（1）强调公共-私人伙伴关系，在这种关系框架中，它优先发展吸引外部资金的组织结构，这个组织结构也因此也包含了地方鼓吹因素的关键作用。

(2) 一个从定义上说具有投机性质的企业型城市因此也就受到某种不确定性的制约，这是因为它对先前已被理性规划了的环境并不熟悉。

(3) 强调地方建设，而不看重区域建设。换句话说，哈维的观点是，投资已超出了在一个特定的区域改善环境的需要，比如说通过住房建设和发展教育等，而到了更广泛地（也更具投机性地）去推介地方形象的地步，并希望这样能给作为整体的城市带来一种“涓滴效应”。

这个意图就是要去创造一种环境，让城市在其中变成一个富于吸引力的居住和参观之地，并且首先是要在这里消费：“城市治理的任务就是，简单地说，要去诱使高度动态和可塑的生产、财经和消费流入自己的空间”（Harvey，1989：11）。而且，对强大经济增长的追求也给地方政府造成了某种张力，它不可避免地牵涉了私人企业的某些方面。根据哈维的说法，城市的企业化同样不可避免地带来日益增长的财产和收入的悬殊。这里最大的讽刺是，这种城市投资模式已经变得非常流行，而且被乐于复制，以至于竞争性的优势很快就消失了。

走向企业型城市的运动，带来了一种摆脱城市规划的动向，“追求风格与时尚的多变性和折衷主义，而不是追求持久的价值，追求引证和虚构，而不是创造和职责，以及最后，喜欢媒体胜于信息，热爱形象超过实质”（Harvey，1989：13）。我们在这里正在试图去理解的环境，都与自我的再现有关，就其实质而言，感觉就是一切。最重要的问题还在于，繁荣的形象是必须去赢取的，无论它下面隐藏着怎样令人难于接受的真相。企业型的城市是以某种建立在形象之上的地方为其根基的，而不可能是以隐藏在那外表之下的愈加令人不安的现实作为它的基础。这一途径常常还会有一种政治的回报，因为，围绕企业型城市建构的形象有可能以某种形式影响到该城市居民，他们还沉浸在感觉良好的因素所催生的荣耀之中。

把以上种种矛盾都考虑在内，什么是后工业城市呢？一些作者，比如沃德（1998）曾经描述过一种情况，后工业城市在那里实际上变成了一幅自我的漫画像。但在理解这一切发生的原因时，去思考一下这类城市的实际构成部分是有重要意义的。后工业城市受到服务领域用工岗位的制约。它也经常吹嘘它所拥有的发达和出色的零售业，并且，在向外部世界展现自我的时候，它与旅游业的关系是至关重要的。从这个角度来说，后工业城市是准备把相当大的投资放入它的文化资本之中的，既包括高端文化也包括低端文化（Ward，1998）。就此而言，博物馆、美术馆以及历史建筑是特别重要的，现代化的设计完善的体育馆、饭店、夜总会以及娱乐行业同样重要。这些消费空间在市中心或者在典型的老工业或外滩地区都可能见得到，它们试图把城市的地理和历史的范围予以最大化。沃德把这种情况称为一种“动画化的”城市风景建设，或者，与郊区平淡实用的购物中心相比，它至少可以说是一种似乎被漫画化了的城市风景。

推销工业城市

所以，在其他同类城市似乎也在追寻着同样的理想的时候，后工业城市在全球化的、象征性的风景中怎样到处去推销自己呢？推销方法的要点在于，它强调积极的方面，忽略消极的方面（Paddison，1993）。这样一来，对地方的推销就必然是一种简化的实践，它以这样的方式简化并缩减了城市：支撑地方深层认同的经验范围几乎完全被忽略掉了（Murray，2001）。对地方的推销完全就是把那个地方作为可供消费的商品来统一地加以展示，而这种统一性在以前是没有必要存在的（Philo and Kearns，1993）。从许多方面来说，这个过程近乎是操纵。更为常见的是，为了创造一个既供外来消费者也供本地居民去消费的现在的形象，过去被加以操控。正如霍尔（Hall，1997）所指出的那样，这可能进而导向一个特定的环境，城市在其中实际上是在利用它们的过去，通过对一种带有欺骗性的乡愁的开发和展示，最终结果是“城市成了一个主题公园”。就是在这样的一种格局中，城市将从对自我的促销宣传中得到实际利益，它们把自己作为一个鲜活的、发展的实体，当地人的独创性和创造力也能够在这个过程中被以一种有地方特色的方式调动起来（Murray，2001）。

城市推销这个术语最初在1980年代的欧洲走红，它在那时以对经济目标的自觉强调为特征。所以，如帕蒂森（Paddison，1993）所指出的那样，英国的城市推销的目标很少是把城市作为一个整体而整合在物质规划之内，这与美国的情形有所不同，这也就是说，更为广泛的社会规划与福利问题在这一背景下有可能被忽略。对卡瓦拉齐斯（Kavaratzis，2004）而言，推销不只显示了有助于解决后工业城市崛起问题的一种手段，它更含着法拉特和凡卡迪许（Firat and Venkatesh，1993：246）所宣示的那种含义，一个后现代的世界实际上就是“表意与再现的有意识、有计划的实践”。从这个观点看，地方推销构成了地方管理的现行的哲学。在这一背景下，市场推销者把城市展现为一个形象。他们这样做有三个主要技巧：“个性商标化”（比如，巴塞罗那的推销是借助高迪效应［Gaudi effct］）、“旗舰建造”和“事件品牌”（Kavaratzis，2004），在格拉汉姆（Graham，2002）看来，这里的目标都是把城市想象为商品，尤其是通过对“城市外观”的伪装，借助一个或两个主要的地标或建筑，就可以把它向外部世界展示。格拉汉姆把外城与内城的面貌进行了对照，内城是心灵中的城市，是一种更为主观化的经验复合和被投放在城市经验中的含混意义：这种可能引起争辩的经验通常完全被推销者忽略了。如卡瓦拉齐斯指出的那样，与城市的所有接触都是通过概念和形象而发生，所以，真正的城市品牌如果想获得成功的话，必须以内城与外城的相互作用为关注重心。

地方政府与其他组织在城市形象的推介中投入了数目相当可观的成本。在这一语境下，杨和赖福尔（Young and Lever，1997）引用了密灵顿（Millington，1995）的著作，这部著作显示，1995年到1996

年间，93%的地方政府以平均为279 600英镑的预算介入了这类推介活动。就杨和赖福尔以及密灵顿所涉及的内容来看，这里的问题是，几乎没有明显证据证明这种地方推介的有效性，特别是考虑到通过产量来检验推介是否成功本身是不充分的。事实上，对地方形象的消费方式很少被关注，所以，生产者所制造的意义与消费者在接受这些形象时建构的意义之间存在着断裂。然而，在思考曼彻斯特发展合作中心对曼彻斯特的城市推介时，杨和赖福尔认为，在这一个案中展示的形象，是一个具有良好的通讯接入和美学与建筑魅力的城市形象。而事实上，曼彻斯特是被作为一个全天候的消费城市推销出去的。这可以从被使用的由图片建构的实际形象上反映出来：曼彻斯特在明亮的阳光下光彩夺目，艳丽的橘红色从一个积极的角度展现了被重新开发的城市建筑。根据杨和赖福尔（1997）的说法，这类形象倾向于避免汽车和行人的存在，尤其是避免那类特别显眼的社会群落的人们，如无家可归的人，对于不得不把自己展现为"城市的唯一思路"之一部分的曼彻斯特来说，那些是与它的视觉形象无法相容的（Arantes et al.，2000）。

费罗和科恩斯（Philo and Kearns，1993）从一个特殊的批评性视角讨论过地方的推销问题。他们注意到，地方推销的过程不过是将地方进行包装的过程，这样做是为确保两个主要优势：鼓励地理上的可塑性，或者放松对经济企业落户特定地方的管制，鼓励大量的旅游者前来参观，与此同时，让当地人相信他们也是这一进程的重要部分，而且，"好事情"是为了他们的利益而做的。在这种情况下，文化首先成了为经济目的服务的一种工具，它是谋取经济利益的一种资源，因此，为了让过去为当前提供一种荣耀与灵感的源泉，历史本身也受到操控（参见本书第四章）。对费罗和科恩斯而言，这一过程的最重要因素就是，它被地方精英当成了控制周边和城市内部人群的一种权力运用。从这一观点出发，城市文化是城市资产阶级的一个积极的计划，城市是他们作为社会集团确保其统治地位的一种主要工具。

然而，除了地方推销的权力关系内涵之外，正如费罗和科恩斯所提示的那样，重要的是这并不说明那些处于这种权力关系控制之下的人不关心地方的利益，虽然从长期来看，他们的行动当然不可能与那些地方的利益相关。尽管如此，借助对地方独特品质的称颂，地方的推销者通常会以普世性的语汇作为结束语，这套说辞最终剥夺了地方的个性。此类过程可能潜在地榨干了被推销的区域的身份政治，使它在这一过程中趋向意义枯竭。

> 例如，19世纪的码头周围，码头的临时工人为了一份可怜的薪水在极其恶劣的条件下工作，这是一个含义丰富而且具有政治讽刺意味的环境，但是，这样的一个码头周边区域被当成了后现代转变成公寓的福利房的背景，这些公寓已被流动的新兴中产阶级占据，这一切剥去了其原有的意义及其政治共鸣。（Philo and Kearns，1993：24）

此处关心的问题是，对地方的操控可能导致一系列的冲突，因为这样的操控与当地人倾注于地方之中的意义背道而驰。考虑到以下事实，情况尤其是如此：一个有关于地方的特定描述和对那个地方的实际记忆，也就是中产阶级的记忆，常常会变成那个地方官方裁定的版本，因此，对于地方的销售行为把历史与以经济利益为名的意义混合在一起了（Philo and Kearns，1993）。在古德温（Goodwin，1997）看来，“城市神话”的创造是商品化这个更大过程的一部分，在商品化过程中，形象与虚构故事被不留情面地包装在一起，直至它们变得比真相本身显得更加真实。司各特·拉什（Scott Lash，1990）指出，事实上不存在与真相一样真实这类事情——除非对真相的再现戴上了各种假面。这一切的最终结果便是一种文化投机，其首要动机就是要建立起投机性的信心，相信城市也能以自己的方式成为一个具有完整功能的经济机制，神话的风景和形象在这里被一起创造出来了。

创新型城市

这里要表达的观点是，后工业社会较之其前辈工业社会在多重意义上是具有内在的分裂本性的。为了进一步说明这一观点，我打算首先对新近有关城市未来的讨论中的主要作者，也就是理查德·佛罗里达的著作（2002）做一下简要的探讨，他的著作的内涵我还将在本书的第四章进行更加深入的分析。我早先已经指出，后工业时期的发展状况已经预示着城市必须找到一条自我复兴的新路径。佛罗里达的核心观点就是，创新是这一变革的心脏。佛罗里达认为，创新的激情正日益成为我们社会的主导因素，城市为了自己未来经济的最大利益必须去开发这种主导性因素，所以，“区域性经济的增长受到地方对创新型人才选择的驱动，创新型人才是创新资本的持有人，被他们看重的地方，是多样化的、宽容的，并且是对新观念开放的”（Richard Florida，2002：223）。从这个角度看，后工业城市的关注重心应是如何确保城市能够吸引佛罗里达所说的“创意阶层”。佛罗里达的看法是，这些人的流动事实上不只是为了找到工作——他们拥有一个范围广阔的对文化与地方特殊性的需要，城市必须对这些要求做出回应。

> 创新型的中心区不再会因获得自然资源或货运输路线等传统的经济原因而繁荣。它们也不再会因为地方政府通过减免税收去惠及商家或通过其他刺激去招徕生意而繁荣。它们的成功是因为创新型人才愿意在那里居住。公司因此也会跟随这些人而到来——或者说，在很多情况下，公司就是由这些人创立的。创新型的中心区为一切形式的创新——艺术的和文化的、技术的和经济的——提供了可以生根开花的整体生态系统或栖息地。（Florida，2002：218）

一个成功的后工业城市就是一个提供了环境和经验多样性的城市，向多样性开放并为创新型人才提供验证他们创造性身份的自由。佛罗里达因此而提出了一种有关区域发展的“人力资本”理论，这一理论以创新型人才需要“准匿名性”（quasi-anonymity）这一论点为基础，换句话说就是，他们更喜欢弱势共同体的弹性约束，而反对强势共同体强加的硬性约束。在佛罗里达看来，地方的质量比生活的质量更重要，一个真正的后工业城市的职责就在于创造一个让创新阶层有如同在家一样的感觉的环境。这种效果可以通过以下这些方式来达到：城市要提供一种适当的建设环境，提供一个具有多样性的居住人口，这也就潜在地包含着，它需要有活力的社会互动以及有生气的街头生活。如佛罗里达（2002：284）指出的那样，“它的底线就在于，与商业气候的需要相比，城市更需要一种人的气候。这也就意味着对创新的支持，广泛地涉及多个方面和众多的领域——而且，它创建的是一个吸引创新型人才、而不是高科技公司的共同体。”

无疑，这种思路对政策制定者的思维已经产生了重要影响。佛罗里达研究的核心问题是创造力指数，这是一个综合的衡量尺度，它基于创新的指标（以创新专利为标准），高科技企业的指标（以高科技企业的产量为标准），以及创造力与快乐指数——居住于城市中的快乐人口所占比重。通过对城市创造力评价等级的制定，佛罗里达已经创制了一个评估标准，它对那些正在寻求未来经济发展选择方案的决策者将会具有天然吸引力。它为这类以某种希望和可能性为基础的未来提供了一个评价的视角。从一个更具批判性的观点看，值得担忧的是这种城市发展思路过多地把期望寄托在创新之上了。而且，可以争辩的是，这种号称是与创新有关的观点实际上是以消费概念为基础的，它认为任何要让城市对创新阶层更具吸引力的愿望，都必然与通过由城市提供的消费机会而实现的城市复兴有密切的关联。对此，麦克古根（McGuigan，1996）引用了罗宾（Robin，1993：321～323）的下述观点：

> 借助对艺术、文化、消费以及卡布奇诺生活方式的推重，时髦的新城市，似乎是被用同一个社会集团的精准形象塑造出来了，这个集团站立在更广阔的后福特主义的政治计划的背后……（它）只与城市碎片的复兴有关。它完全把后现代闲逛者对生活空间的消费与城市禁区的贫民隔离起来了。

佛罗里达的观点倾向于默认，在所谓的复兴还根本不存在的时候，文化导向的复兴就是一种相对便利的选项。而且，如派克（Peck，2005）在他对佛罗里达的批评中所阐释的那样，要通过公共的，或者说，其实质是私人的干预，去创造出本真的邻里文化确实是不可行的。如果说本真性这类事物果真存在的话，那它也只不过是一个事后的说法而已，在这种情况下，类似的干预就已在不断地冒险去创造一种自以为“时髦”（funky）的城市了。尽管消费的分裂本质在佛罗里达的著作中并未得到展开，但他所呈现的那种后工业城市的视角是天然地具有分裂倾向的一个，这一点是毫无疑问的。

上述进程必然会被佛罗里达表达的观点所强化。他对城市制造活动（city-making）的研究方法是受到经济规则的驱动的，这种经济规则不可能留下片刻的时间去让这类城市创造出自己的特色。后工业城市的变革因此可以被表述为，至少在潜在的意义上，是主动地加重了社会极性化的面貌，一个论据就表现在卡斯特尔（Castell，1994）的双性城市概念中：一个被分割在精英的世界主义与地方共同体的部族主义之间的城市。正是在这一背景之下，在理解和推动我们城市发展的过程中，才有了最近的理解多样性作用的趋势。比如，查尔斯·兰德利（Charles Landry，2006）的著作就已经尝试把关注的重心放在以下的情况：在一个更加富有活力的城市里，差异性可能被赞颂并且被利用，因此也就超越了化约论者的文化视角。佛罗里达等人的著作超越了学术范式，本身构成了对企业化城市复兴命题的经济学的贡献，尽管如此，这些著作也是有意义的，因为，它们突出地显现了一种在性质上基本是论辩性的有关城市的特定思路的出现。因此，我们的城市在这种意义上也许是不真实，或至少在围绕我们城市而展开的论辩是不真实的：一个文化的城市能够创造的理想化的中产阶级形象太多，而对一个地方的生活经验的真正表达则太少。在当前的社会风气中，城市似乎已不再有任何真正的选择。它们不得不作为在本章中讨论的象征性风景的一个部分去参与竞争，因为这是城里上演的唯一节目。选择不加入这种城市“吹牛运动”，就是对梦想和梦寐以求的可能性的拒绝，而这些梦想则是后工业城市所固有的。这种想法的风险，在布罗德霍克斯（2004）的关于北京的再开发的著作中得到了最好的表达：

> 在城市推销的过程中被建构和提升的城市的形象，通常不是基于地方的真实，而是基于机械复制的概念和夸张的再现，它追求的是对地方市场可能性的提升。由城市鼓吹者通过大众媒体指定的现成的身份，时常把若干种不同的文化观点，简化为一种单一的观点，它反映了一个强大的精英群体的抱负和价值、生活风格，以及潜在投资者、旅游者的期待。这些实践因此也是精英化的和排他性的，而且对于处在不利位置的人口而言，这也经常意味着他们在这复兴的和中产阶级化的城市风景中将无立足之地。（Broudehoux，2004：26）

城市复兴未能向城市文化的情感维度让步。城市被化约为一个繁荣未来的理想化幻影，这个未来对于那些在这个方程式中的可能的失败者缺少起码的尊重。在接下来的部分，我将把格拉斯哥市的假想重构工程看作是一个竞争型的城市，同时也将之视为一种接受地方推销思路带来的某些缺陷的实用方法。

格拉斯哥“更美好城市重建”运动

格拉斯哥在多重意义上，而且远比其他城市具有更丰富的含义，它既可以被视为工业衰落的产物，也可以被看做是工业衰落的牺牲品。在它的过去，它是英帝国的第二大城市，并且它为英帝国提供了一个造船和重工业中心（Jones and Evans，2008）。20 世纪 70 年代，格拉斯哥一直是英国的贫困地区，并且迫切需要一次经济命运的逆转。正如帕蒂森（1993）指出的那样，格拉斯哥确实可以作为一个衰落中的工业城市的极端范例，例如，它令人吃惊的人口下降就是一个证明，从 1961 年的一个拥有 110 万居民的城市，到 1991 年成为一个 66.2 万人的城市。在 1960 年到 1980 年间，格拉斯哥用工基数的萎缩超过了四分之一，这一事实同样是令人困扰的，它也反映了世界范围内发达城市遭遇的广泛趋势。

在上述趋势中，这种谋求逆转的一个主要行动就是 1988 年发起的格拉斯哥“更美好城市重建”运动，它连同一系列其他的活动和政策，试图吸引私有资金，最值得注意的是要将之吸引到市中心的建设中来，例如包括公主广场和意大利中心的新的零售业的发展，以及商人城的中产阶级化进程（Jones and Evans，2006）。这种城市中心的市场驱动概念试图对格拉斯哥广泛强调的文化发展做出补充，尽管目前还不清楚服务领域不断增加的负担是否反映了这一战略决定本身的意图（Gomez，1998；Savitch and Kantor，2002）。因此，迈克里奥德（MacLeod，2002）认为，作为一个新的商业导向的半官方行动，20 世纪 90 年代的格拉斯哥行动的目的就是：“让城市对工作、居住和娱乐更具吸引力，创造格拉斯哥商业冒险精神，把格拉斯哥的新现实与它的市民和世界联系起来”（MacLeod，2002：611）。

就格拉斯哥“更美好城市重建”运动涉及的内容而言，其目的就是要通过提供一个新的城市模式，来抑制格拉斯哥螺旋式的下滑，让格拉斯哥成为供英国南部公众和全球公众消费的城市，尽管他们已经有了格拉斯哥是一个贫穷和犯罪城市的印象。更有甚者，这个目的将要无限吹捧地方风纪，以致让格拉斯哥人自己也对他们的城市感觉良好（Paddison，1993）。作为城市复兴的第一个步骤，该运动是非常成功的，在为格拉斯哥吸引新的旅游者方面，它发挥了战略作用（Wishart，1991）。格拉斯哥正在进入一个形象重构的阶段（Paddison，1993）。证据表明，该运动连同市中心正在进行的广泛的基础设施改造活动是有吸引力的：1990 年，前来格拉斯哥观光的游客达 300 万，较之 1982 年的大约只有 70 万游客的数目，其中起码有 60 万人是被 1990 年的“欧洲文化之都”的评定结果吸引来的（Paddison，1993）。

1999 年，名为“英国建筑城市”的奖项，在向外部世界展现格拉斯哥独特形象方面，也做了进一步的推动。“1990 年代的格拉斯哥”运动以及稍后的“格拉斯哥直播”，进一步努力修正了某些在 20 世纪 80 年代期间曾经占有主导地位的对格拉斯哥的极端看法，类似高米兹（Gomez，1998）和戴默（Damer，1990：1）这样的评论家描述过这样的情况，格拉斯哥的媒体形象，至少在 20 世纪 80 年代，还是“肮脏的、遍地贫民窟的、一贫如洗的、黑帮横行的城市，它的人口是由低层次的、不可思议的、醉醺醺的、满嘴下流话的、偏狭破落的无产者构成的，他们常常用破酒瓶和剃须刀出其不意地相互殴打”。但是，正像米歇尔（Mitchell，2000）指出的那样，20 世纪 90 年代的格拉斯哥是一个不同的命题，这个命题的性质在很大程度上取决于如何用形象来帮助人们重新评价对城市的认识。因此，米歇尔对比了 20 世纪 60 年代和 20 世纪 80 年代的城市图片的再现方式，这样做是为了突出一个关键变化，即从以当地人及其活动面貌来界定城市到以城市风景为焦点来界定城市。

> 人们可以说，这一变化是这样的：从一个公共空间的城市，一个不很富足、但也并非贫贱的当地住户的城市，变成了一个风

> 景怡人的城市，一个没有本地人的地方，一个人们在其中只是作为观光客更是消费者（特别是形象的消费者）的风景区。作为风景的城市并不鼓励共同体的形成或作为一种生活方式的地方主义，相反，它鼓励外观的保护、以现行的社会关系为代价的秩序改进，以及把过去视为不幸、毁灭和边缘化的能力，并由此而找到了唯一的美好生活（对某些人而言），把昏花的眼睛转向构成生活的一切事物。（Mitchell，2000：8）

很明显，就像米歇尔接下来指出的那样，格拉斯哥人获得了享受他们城市改善了的物质和文化设施的权利，但事实是，格拉斯哥的更美好只是对某些居民而言的，对另外一些人远非如此：并不配套的公共交通制造了一个中心区别外围效果，在这里只有中心才能获得合法再现整个城市的资格（参见 Jones and Wilks-Heeg，2004 年在同一背景下对利物浦的讨论）。正如萨维奇和坎特（Savitch and Kantor，2002）指出的那样，格拉斯哥更像是一个双性城市，这个城市在持续地与已经过时了的工业化现实进行斗争——在“真实的”城市中，闪亮的市中心与贫困、衰落的现实景观形成尖锐的反差。在迈克里奥德（2002）看来，格拉斯哥的市中心只是突变为“一种被设计在虚构的资本与消费主义市民形象中的禁止的风景过剩”。就米歇尔所关注的方面而言，形象与城市的文化供给越来越受到重视，这种情况具有广泛的含义，它反映了我在上文中涉及的全球化过程带来的问题。经济越是全球化，它就越是走上了一条持续革命和复兴之路，若干世纪以来所建立的任何种类的身份稳定性也就显得越不确定。就米歇尔的论点来说，城市建立于其上的地方基石受到了声称要为它提供一个可持续未来的这一进程的威胁。

正如琼斯和埃文思（2008）所指出的那样，许多作者都曾提出过质疑，到底是谁在城市复兴中受益。认为复兴的城市就有可能财源滚滚，任何这一类的假设都是毫无根据的。确实，值得关注的问题是，正在经历复兴的城市变成了一个拼合的空间，某些空间获得了复兴，而另一些则没有。琼斯和埃文思（2008）接下来引用了迈克里奥德（2002）的相关论述，他认为城市空间的分离通常是与社会的分离相伴而生的，因此，某些特定的社会集团是要受到那些已复兴了的空间的排斥的。这一过程再一次完全是出于形象方面考虑：为了保持一个重获活力的复兴空间的形象，这样的空间必须严加"净化"，这大概就是它的逻辑。比如无家可归的社会群体，他们的形象是与一个新兴的城市形象不相容的，此外主要还是因为他们完全不具有分享新的商品化风景的财力，这些群体不仅受到了监控，而且也被设法排除在城市的地方销售模式所涵盖的消费空间之外。

迈克里奥德（2002）对这一问题的特殊兴趣在于，这一类型的排斥性话语经常借助大众出版物而得以规范化，这些出版物在灌输以下有关城市的思维方式的时候是被信赖的，它声称城市的形象拥有超过市民权利的优先地位。在琼斯和埃文思（2008）看来，这助长了下述情况，在这里，新自由主义的逻辑同时在文化的和经济的语境中得到了证明，它具有至高的支配地位，以至于私人财富的增长成了一种远比福利和财富分配重要的"公共"优先权。这就是被迈克里奥德（2002）描述为悲惨的排他主义地理学的内涵。这是一种体现在新零售业发展的实际建筑风格之上的排斥地理学，比如，它是用来"抚慰消费主义市民的快乐与幻想需求的，而且不会扩大到那些无家可归的人身上"（Macleod，2002：613）。帕蒂森（1993）也在同时指出，像"欧洲文化之都"这样的"标志"竞争的运用只是为了来给成功进行分类的。城市的某一个部分受益，对城市其他部分的影响可能是有限的，这也就把城市衰退这个问题推到了一边，正所谓眼不见心不烦。实际的情况是，被设计出来的新格拉斯哥形象，在它陆续被大多数城市人口接受的同时，几乎与实存的匮乏现状毫无共同之处（Paddison，1993）。对于这一情形，塔克尔（Tucker，2008）曾引用劳瑞尔（Laurier，1993：13）的话说："在 1990 年这个格拉斯哥的文化铺张年度里，它关注的重点不是丰富和有活力的文化氛围，而是不想让游客与企业主看见它的不讨喜的工人阶级历史。”

尽管表现在格拉斯哥个案中的形象驱动模式的复兴存在着固有的局限，但是，毫无疑问的是，格拉斯哥市已经在多重意义上从这一自我包装的过程中获得了好处。例如，在布拉德雷等人（Bradley et al.，2002）对英国六个城市引进会议市场的效果研讨中，他们就曾提到，会议组织者对城市成为“欧洲文化之都”的年度有正面的认识，并且表达了这些城市会让人感受到文化活力的看法。许多会议组织者把格拉斯哥描述为“有文化底蕴的”、“领导时尚的”以及“酷的”，这进一步表明格拉斯哥的形象再造工程正在产生正面的长期效应。加西亚（Garcia，2005）同时也承认了这样的事实，即1990年产生了一种真正的城市文化遗产，这个问题我还会在下一章做出更深入的探讨。

尽管有证据显示格拉斯哥的形象创造已经改变了它原有的局面，鉴于其真正的经济恢复并未实现（特别是涉及就业人数方面），它也并非完全是乐观的。然而，这个城市作为再造和复兴温床的声名并未减退。正如高米兹在将格拉斯哥与毕尔巴鄂进行对比所显示的那样，不管是对是错，对于其他正在寻求更加繁荣的工业化未来的城市来说，格拉斯哥已在某种意义上变成了一个范本。但是，格拉斯哥模式被认识到的成功教给我们更多的是，地方当局以可能对地方生产元素产生真正影响的方式去进行有效干预的能力是有限的（Gomez，1998）。源自格拉斯哥经验的复兴形象最终也就只是一个非常有限的定式，它只让城市的外表而非城市的内部重新获得了生机。实际情形是格拉斯哥并未实现它恢复就业的抱负，即便是它的中心区域确实实现了商业、教育、文化和旅游等核心领域的改善（Gomez，1998）。最终，复兴的表面只凭其自身是还不够有说服力的。

根据形势的发展，在某些意义上可以说，格拉斯哥的未来是光明的。这个城市已经赢得了主办2014年英联邦运动会的资格，预算为2.88亿英镑，连同5 000万英镑的赞助、播出与门票收入。塔克尔

(2008)还进一步阐释，2014年的格拉斯哥还将把苏格兰城市推上全球城市精英、经济重镇的地位。更重要的是，格拉斯哥尚不能确保不再出现另一个推进复兴并维持城市物质与社会结构的机制。这种发展的主要受益者可能是格拉斯哥东端的达尔马诺克，它是新的运动员村的建造地，一个在传统上相当贫困的地区（Tucker，2008）。塔克尔把格拉斯哥看作是一个相当成功的故事，并且认为，"欧洲文化之都"的身份在城市"文化心理空间"的创造中是非常关键的。为此，塔克尔(2008)引用了沃德（1998）的观点，沃德认为："文化本是'蛋糕上的酥皮'：它如今已变成蛋糕本身的一部分"。关键的问题在于蛋糕是否吃起来像它看起来的那样好，以及它是否能为形成格拉斯哥共同体提供足够的养料。

结论

以上的讨论提出了许多重要问题，城市的长期可持续发展问题，以及鉴于复兴或至少是对根据企业主义概念的复兴的接受，城市的角色如何发生了转变的问题。在这一语境下，布鲁姆（Blum，2003）对作为一个想象结构的城市进行过相关的讨论，城市在这个结构中只不过是一个符号而已。因此，我们可以从这一观点展开对消费的讨论，假如我们要把一个城市与其他的城市进行比较，我们就要把一个城市区分货物的方式与其他城市的方式做出比较。通过把消费作为一个比较的参照，按照布鲁姆的说法，我们也就把城市主体当成了一种人工设计的抽象语言，它消除了实存的差异，因为，城市的面孔优先于面孔之下的真相。因而，在布鲁姆看来，城市实际上是一个欲望的客体，它在日常生活的过程中出没于人们的视野。

> 城市只不过是一个符号，这个命题是一个受到超越的最终幻象启发的讽刺，在这个意义上，它的设计是为了挑战，并且因此

而打开了连接在区域性和推论性空间之间的问题。这就是，假如文化是一种象征性秩序，那么，“它”就不会在任何空间落地生根，因为，从文化的意义上说，它似乎是非地方性的存在。（Blum，2003：48）

应该在围绕消费空间所展开的讨论语境中去思考布鲁姆的观点，他认为，中产阶级的目的不在于获得欲求的对象，而在于看到欲望的样子，可以说，他的这些论点是特别有先见之明的。重要的是城市看起来是同时代的，它好像就是属于当下的。而且，如布鲁姆指出的那样，欲望的样子也同样是不可完全获得的。如果说城市教会了我们一件事情，那么，它教给我们的就是，对自由和机会的追求至少在某种程度上不可避免地要受到阶级幽灵的限制。企业型城市的后果之一就是城市景观越来越被推向了最前线。被展示给当地居民和观光客的城市景观被作为魅力的源泉而呈现出来。城市既提供了承诺也同时带来了无法满足的极大需求（Blum，2003）。我们似乎是被它引入了歧途。因此，在布鲁姆看来，城市固有的多样性与其表层景观一同向我们呈现出来，景观掩饰了藏于其下的阶级差别，因此，城市生活的实质就是通过包含在消费之中的分离过程而实现的个性丧失。因此，可以说资本主义的、企业化给城市带来了一种辉煌，但这种辉煌只是表面的而不是真实的。考虑到当今时代资本操纵欲望的权力，这样的一个城市必然是“肤浅的”。它为一个幻想的世界赋权，在这个世界中，人生充满了可能性，与此同时，它也掩盖了被这一安排下隐藏的权力。

因此，我再一次提示，处在文明中心的城市之所以成为资本，仅仅是因为它可以使资本所关注的世俗欲念得以散播，这是对这种资本的重要性的一种关注，它可以被作为一个供演出之用的扩展了的公共舞台，在这里，所有的参与者都互为表演者和观众，二者合一，彼此观看和被观看在这个为了彰显它的多样性选择而

被放大了的环境中，同时这个环境也被限制了隐藏那些并无真正区别的可能性差异。(Blum，2003：231)

在进一步讨论当代城市为景观消费创造环境的方式时，布鲁姆分析了多功能电影院经验这个具有启发性的样本，在这种环境里观看电影，获得的体验与影片本身没有多大关系，这是一种意义更为宽泛的体验。“这种‘建筑环境’，通过使用一些基本是过时的活动项目（电影、食杂店、书籍）作为刺激公众的前文本，制造并保持了一种对客体的欲望。就是以这种方式，它们经常被赞誉为新的公共空间。为了展示多样性的功能安排，它们不仅提供了大众共享的内容，也成功地确认了它们自己作为一个提升集体权力景观的集结功能”（Blum，2003：257）。根据布鲁姆的说法，通过在屋檐下投合多样的兴趣，对质量的要求被降低了，在过去可能会阻止人们参与这种活动的歧视也减少了。就销售层面而言，那种认为这种消费空间具有重要作用的愿景，很难能获得格拉汉姆（2002）所说罗兰爱思品牌化（Laura Ashleyisation）那样商业街模式的成功。

作为景观的城市观念是我在本书第七章将要回顾的问题。目前，重申一个在本章反复出现的主题还是值得的，这就是城市的景观想象制造了一种特定的空间和地方景象，大众的参与并没有被放到优先的位置。如同哈维（1989：14）曾经指出的那样，“繁荣的形象……掩盖了潜在的困难，并且设计出一个扩散全球的成功幻象”。这是一个曾被瓦兹和雅克（Vaz and Jacques，2006）讨论过的问题，他们指出，国家在城市规划中的撤出与市场作用的日益增强，导致了一个在世界各地被复制的日益增长的城市商业化的过程。这种尝试制造出“一种减弱了独一无二的城市身份的多样化标准魅力，甚至是在独特要求变得越来越强烈的时候”（Zukin，1998：837）。在一个越来越同质化的城市风景中，旅游者不占有地方，而只是从那里经过。市民因此没有更多的身份感，只不过是一个舞台装置上的临时演员（Vaz and Jacques，

2006）。因此，需要被优先考虑的不只是城市的形象，还有它的品牌形象："简言之，这种品牌合成了一个欲望的对象，并且把消费者与它连结起来"（Vaz and Jacques，2006：249）。

对当代消费城市的共识造成了这样的一种局面，在这里，许多让城市变成如今这个面貌的"演员"却被从这个据说是有效的向后工业经济运动发展的过程中排除出去了。同时，当消费者撤回到他们自己的私人世界和自主生存状态时，他们对公共领域的影响力似乎也就减弱了。可以认为，在消费中或者通过消费获得的快乐越多，可以被分享的快乐就越少。鉴于那些给地方带来活力的人被排除出去的事实，景观化的过程其实是在立法禁止它所渴望的城市复兴。它的最终结果是一个完全可以预料的、实验室一样的城市的出现，而且是一个刻意如此的城市，因为可供选择的目标在经济上明显是不可行的。为了竞争，城市不得不根据游戏规则去表演。要拒绝这种企业化的城市想象或者拒绝那些甚至是被市场决定的城市愿景简直是不可能的。瓦兹和雅克或许是乐观地呼唤这样的环境，在这里，城市不再作为一个舞台装置，而是作为它的市民的舞台地板。城市实际上应该成为一个经验的实体，一个交往、冲突和表义的地方，而不是一个人类自身的物质性被剔除净尽的行动的对象（Vaz and Jacques，2006）。正如哈维（2008）指出的那样，在当代社会处于支配地位的人权概念并没有以任何形式挑战市场的统治地位。在这个意义上，城市"属于"私人的或准私人的利益。它属于一种消费意识形态，而不属于消费者。现行的社会关系并不是企业型城市优先考虑的对象，在这样的城市里，对形象的认识就是品质指示器。尽管存在这些限制，在一定的范围内，个体仍旧能够打造一条自己的路，这是一个关键的问题，我在下文还将回顾这个问题。

第四章　消费文化

第三章中所讨论的正在兴起的企业型城市的主要特征之一，就是在经济与文化之间存在着一种越来越相互依存的实用关系，其结果是艺术和文化成了城市经济发展的一个组成部分（参见 Scott，2000；Evans，2001）。在这一背景下：

> 要确定文化经济从哪里开始，以及资本主义经济秩序的其他部分在哪里终结，已经变得越来越困难了，因为，这正如文化越来越受到商品化过程影响的情形一样，所以，当代资本主义的普遍特征之一就在于它把与物质和内容相反的美学的、符号的，以及尤为重要的象征性能量注入到了一个前所未有地扩大了的生产范围之中。（Scott，2000：x）

在拉什和尤瑞（1994）看来，这种情况反映了一个去差别化的过程，在这个过程中，文化领域的区别性特征正受到越来越严重的破坏，因此，出现了一个从沉思到消费的转向和一种明显把选择权放在优先地位的趋势。在这一背景下，在一个符号价值似乎长盛不衰的过程中，消费者变成了美学化或者说是商标化过程中的一个行动主体。于是，旅游经验是在消费者把服务和经验转变为符号的意义上被消费的（Lash and Urry，1994）。这也就意味着，这一发展无论从外在形式上，还是从潜在的情感意义上，都已显现在消费空间的形式之上了。

我们在此可以确认的是，这是一个根据文化消费的要求重新评价建造环境的过程（Zukin，1995；Short，2006）。在这一背景下，文化在消费者与城市的关系中发挥的作用并非只是与对文化形式的直接消费有关，而是更多地涉及经由文化传播的意识形态的消费（这是一种首先潜在损害了作为文化形式基础意义的意识形态），在这种意义上说，文化已经不是其诸部分之总和。本章因此也涉及了文化旅游对后工业城市建设的影响，以及文化商品化的过程是否能够进一步实现政策制定者明显注入其中的抱负等问题。如我在第三章中所指出的那样，文化与艺术已成为城市在全球化舞台上竞争的一种首要武器。文化通过其对城市形象和声望的提升以及把城市品牌与文化内涵的结合等手段，为一个城市的竞争力提供了生动说明（Landry，2006）。与此同时，文化经济，尤其是创新产业已经为地方和国家的政客们至少在修辞上提供了一个在广阔的全球经济变革进程中承担地方性角色的积极的情感发泄渠道（Evans，2001）。这样的发展可能会被与体验经济的概念明确地联系起来（Pine and Gilmore，1999），这一概念本身就是被通过购物、学习与文化体验之间日渐模糊的界限而再造出来的。

>……通过参与环境的创造并且使用书中的每一种技巧，顾客和游客加入到了全身心投入的感性事件中，不论是购物，参观博物馆，在饭店用餐，还是组织商家间的活动或者提供一切个性化的服务，从理发到旅程的安排。在这个过程中，商店可以产生某种博物馆式的特征，类似于探索频道商店（Discovery Store）或者坚石咖啡馆（Hard Rock café）那样，同时展示它们原创的手工制品。反过来也一样，博物馆也可以变得更像是娱乐场所的延

伸……（Landry，2006：152）

图 4.1　借助文化的城市推销：MTV 欧洲音乐奖，利物浦，2008。(Photo Andy Miah)

文化旅游

如米思安（Meethan，2001）所提示的那样，文化旅游的概念是很难确定的，却也或许可以把它作为一种旅游形式来加以思考，这种旅游形式不只是一种大众旅游的毫无目的的娱乐项目。文化旅游在目的上要更为严肃，所以：

> 成为一个文化旅游者就是试图超越无意义的休闲，并且从其他地方和其他人那里获得丰厚的知识回报，尽管这在某种意义上

事关对他者的商品化本质的关注或搜集。(Meethan, 2001: 128)

在多重意义上说，后工业城市的复兴过程就是把城市作为一个充满文化消费机会的地方来加以展示，然而，如克雷克（1997：135）所言，旅游作为象征性潮流的高调姿态实际上把太多的宏大期许推到了它的门前：

> 旅游被提升为对经济衰退的回应，给文化产业提供了作为具有出口潜力的产业发展机会，它同时也是一个培养游客、本地居民和公共领域文化生活的媒介。这一切都是高尚的理想，并且，从政府的观点来看，它也是有极大吸引力的：旅游的某些次生恶果可以进行重新改造，经济难题可以得到解决，创新与服务性岗位的培训计划可以被改善，并且文化认同可以被增强。旅游产业本身，受到了包装和推销产品以及诱发新兴市场等这些新机会的刺激，在最初的些许迟疑之后，已经以极大的热情迅速冲向了作为文化商品和文化现象的旅游市场的培育。

克雷克接着指出，让人感兴趣的是，对于把文化作为可消费产品去推销的益处，仍然缺乏一致的认识，至少在美术和文化共同体之内是如此。这就说明了我在全书中确认其兴起的这个经济过程，已经得到了以下这样的解释，即任何形式的文化都被当成了旨在为城市开拓某种新的经济未来的公平游戏。在米思安看来，去差别化的过程以及高等文化与低等文化之间界限的抹除，无论怎么说也并未造成这样的一种局面，即它让不同地方变得越来越彼此相似，相反，它预示了一个新的复杂环境的出现，文化的全球化形式以及对文化的消费在这里不再受到传统规则的约束，因此，“全球化本身并没有导致文化的同质化，而是使它似乎产生了更多的差异性而不是相似性”（Meethan, 2001: 137）。正是在这一点上，我与米思安产生了分歧，他认为，把这一过程描述为取决于商品化的过程是多少有些过分简单化的，并且，我们实际上应该密切关注这一过程以复杂的方式对本国文化规范所造成的影响。相比之下，我会认为，无论我们怎样质疑地方部署文化经济的方式，商品化的过程都仍在以这样的一种规范化的样式运行，以至于几乎不存在任何不同于正统教义的其他选择的协商余地。个体消费者也许可以在被其消费所限定的界线之内，就自身所处的地位提出协商，但是，个体最终还是要屈从于对他们而言是被消费社会所决定的结构。

当然，地方差异也是存在的，但这些差异极有可能受制于一个城市为消费者和消费行为制造的模式，因此，“地方化了的身份认同”最终几乎必然要妥协。可以肯定的是，地方被广告唤醒的方式在最近几十年来已经呈现为越来越情感化和感性化的声调。因此，普兰蒂斯（Prentice，2001：6）引用了以特威德河畔的贝里克区（Berwick-upon-Tweed）的名义发表的声明，它显然可以提供一幅动人的风景，声明写道：“每一次重游都是一次个人的开悟……有一种巨大的空间感受，一种超脱俗世的感受，以及首次发现某种珍奇之物时的感受”，引用这些话是为了证明它构成了一种新型的媒体驱动的浪漫主义。这样的浪漫主义就是为了建构对于地方可能性的期待和白日梦，因此，它也回应了坎贝尔（Campbell，1987）关于消费经验的白日梦渴望性质的著作中的某些主题。然而，具有反讽意味的是，尽管上述对地方的建构是建立在个体的私人与地方互动概念的基础上的，但为了尽可能多地吸引消费者，那个地方必然是要被包装的。这样一来，它实质上就被去个人化了。在讨论文化旅游经验的性质时，普兰蒂斯（2001）继续解释说，文化旅游是完全把文化产品当做文化体验来推销的。对于体验负有的责任就在于提供一种文化供应，它至少表面上是非包装的、个性化的——一种后福特主义的旅游。

城市如何能够借助这样一种为之注入活力的文化供来实现地方的复兴，这方面最重要的例证之一无疑是巴尔的摩（Ward，2006）。沃德描述了过去三十年左右已经发生在巴尔的摩内港地区的非凡变化。巴尔的摩提供了一个某种类型的范本，它显示了以休闲娱乐为基础的服务经济如何替代工业性岗位，以及如何通过对私人资本和公共资金的利用以最佳方式去开发文化旅游。这一过程实际上就是对一个更具修辞意味的象征性过程的物质显现，这个象征过程为本书第三章所讨论的地方打造活动提供了支持。20 世纪 70 年代早期，巴尔的摩城开始把内港周边区域作为旅游目的地加以改造。这一开发项目包括 1976 年开放的马里兰科学中心、1978 年开放的小艇船坞和最关键的 1980 年开放的港口区节日市场，完全可以肯定，巴尔的摩很快变成了具有国际声誉的城市，并且成为一个后工业再开发实践的研究个案（Ward，2006）。

波士顿城市复兴的关键因素也是类似的节日市场，它是由著名的巴尔的摩开发商詹姆斯·罗斯（James Rouse）开发的。与波士顿建筑设计师本·汤姆森（Ben Thompson）一起，罗斯重新开发了具有非常重要的历史意义却已经被废弃了的法纳尔厅城市市场区。为了反对把购物中心模式强加给地方的做法，它的目标就是要以市场定位的区别性特征这一概念作为焦点。开发的巨大成功至少应部分归因于有效的市场推销，这一点特别是在罗斯“城市就是娱乐”的口号中得到了完好的证明。而且，值得注意的是，沃德指出，巴尔的摩模式中最有意义的是这样一个事实，它涉及的私人资本比表面上看起来应该达到的数额可能要少。这一宗开发项目实际上界定了城市开发的一个新的途径：文化城市主义的途径（Ward，2006）。

> 在一种宽泛的意义上，罗斯实现了许多美国人梦寐以求的对于一个生机勃勃的传统城市的浪漫化观念。实际上，这是一个从来都不存在的地方，一个快乐的动画场景，人们在这里可以大规模地平安聚会。这是一个不会被工业化的过去和后工业化的现在的所有竞争和麻烦的现实打扰的场景。这里就是一块被小心经营

的飞地，城市的衰退、犯罪、社会与种族矛盾等所有的各类问题在这里都被清除掉了。（Ward，2006：277）

因此，在沃德看来，巴尔的摩的港口区可以说是一种卫生安全的文化娱乐形式，与此同时，它提供了一个供包括波士顿（它经常被罗斯本人所利用）在内的其他城市去复制的样本，把在巴尔的摩所取得的成就复制在诸如波士顿、悉尼、巴塞罗那和东京等地，其中的每一个城市，都显示了与巴尔斯摩的复兴相互关联的许多特色（Ward，2006）。巴尔的摩经验成了一个由文化旅游导向复兴的全球性范本。颇具讽刺意味的是，尽管这类地区的再开发依赖地方特定的物质环境的区别性特征，但这个范本的一般性特征却意味着这些地方的特征正越来越不具有独特性。与此同时，巴尔的摩模式的经济影响也正在受到强烈质疑（Ward，2006）。沃德进一步表明，在巴尔的摩本身，曾经以城市为特色的文化旅游的模式仍在继续推进，并且被“从地方本身分离了出来”（Ward，2006：284）。对于后工业城市的发展来说，更为重要的是，巴尔的摩的美景已经被漫不经心地批量发展出一种仿造的城市文化，因此，“城市就是娱乐”的观念也已经变成了一种城市的正统教义，“娱乐”已成为是规范。

嘉德（Judd，2003）描述了文化旅游在美国或在其他地方对城市性格或至少对城市的个性产生的巨大的政治和物质影响。嘉德和范恩斯坦（Judd and Fainstein，1999）因此而划分出三类旅游城市：为消费者建造的旅游度假城市，为了旅游经济的效益把历史资源最大化的旅游历史城市，以及鉴于后工业衰落的背景为旅游而复兴的改建城市。嘉德所特别关注的是，旅游在其中扮演了一个退潮之后重现的岛屿的角色。改建的旅游城市的一个关键特征，就是修建被保护的娱乐区或为寻求逃避城市不良环境问题的中产阶级消费者修建“旅游分离区”。嘉德指出，在这种情况下，城市变成了一个幻象，一个把隐没于背后的并不完美的城市理想化了的舞台装置。

旅游城市崛起的关键因素是佩里（Perry，2003）讨论过的一个公共设施私有化话语的发展问题。如沃德在对巴尔的摩的讨论中所表明的那样，私人领域填补了国家不可能填补的空白，这样的做法为表演场馆、美术馆、会议中心，当然包括宾馆这样的基础设施的建设创造了条件。佩里所关注的问题是作为对政治选择的一个事实上的外在限制的金融市场在这种情况下的运行问题，政治选择会为旅游城市的发展提供坚强的支持，所以，城市的控制权至少是潜在地越来越被市场所掌握。考虑到私人企业的主要动机是盈利而不是实际效果这一事实，这种私有化过程对城市的性格明显具有负面的影响（Frieden and Sagalyn，1990）。因此，埃文思（2002）强调了以复兴为目标的动机所推动的公共文化空间商品化过程中的固有风险，比如博物馆零售业的展开的风险。

由巴尔的摩文化旅游模式提出的一个问题是，文化消费者如何能在这样的环境之下真正地展示他们的创造性。理查兹和威尔森（Richards and Wilson，2006）对这个问题做过探讨，他们讨论了文化和旅游在城市风景审美化方面的作用。从这一角度来看，文化是一个大的主题，地方推销的叙事是从其中衍生出来的。但是，正如我在本书的其他部分所阐释的那样，这不可避免地包含了一个商品化的过程，这一过程接下来会产生一种固有的矛盾，它使地方越来越难于获得自己的特色。而且，正如理查兹和威尔森（2006）指出的那样，寻找参观者的文化项目的数目比实际需求增长得更快。许多这类项目会因诸如缺乏充足的财政投入之类的原因而无法最终实现它们的梦想，正像琼斯在对利物浦命运多舛的“第四优雅”（Fourth Grace）（它在码头区最终被更加平淡乏味的利物浦博物馆所替代）的讨论中强调的那样，那些为了确保能优先获得投资的，必然是过度宏大的计划和地方的政治困局无力解决的。因此，“其结果就是去创造一个不断增长的、毫无生气的、缺乏灵活性的文化旅游的系列空间，这些空间受到了被动消费和对人们所熟悉的历史资源的运用的制约”（Richards and Wilson，2006：

1212）。

上述情况提出了肖福尔（Shoval，2000）在圣地旅游的语境下讨论的本真性问题。他指出，宗教景点早已成为商品化的对象，东正教与天主教教堂以反对商业梦想的宗教情怀自居，实际上也已经成为被主题化了的环境。尽管肖福尔认为许多朝圣者是在寻找本真的体验，这样的经验是在他们对圣地的朝拜才会来临的，但那种对本真性的追求，却必然要向已经越来越多地受到多媒体的盛宴和拟造活动（simulation）影响的环境妥协。这也就是说，人们在文化朝圣中所注入的意义正在遭受对那种体验所进行的包装的威胁，以至于其本来的意义处在一种被日渐琐碎化的危险之中。这也就意味着意义实际上已经不再交由个体来构建。事实上，旅游也就是某种“社交平台”。它的目的是要让消费者相信他们正在获得一种本真的体验，而不是相反地由事实给他们提供了这种体验（Cohen，1989）。

被动性的问题是至关重要的。对理查兹和威尔森而言，旅游城市证明了意义重大的创新潜能的存在。创新型旅游已习惯于寻找各类不同的创新机会，它们对我在第三章中所涉及的创新阶层也同样具有吸引力。从这个角度观察，消费者也并不是在被动地消费城市，而是在主动地介入城市，所以，不考虑他们所身处其中的规格统一的、全球化了的旅游空间的情况究竟如何，他们还是有能力去创造他们自己的体验的。但是，对那些负责制造了旅游城市的人来说，理所当然的责任就是要去创造一个供旅游者介入的环境，因此，目前的创新型旅游与其说是现实，不如说还只是一个目标远大的理想。正像理查兹和威尔森所指出的那样，“在创新型旅游的开发过程中，重要的问题在于提供一个特定的背景，体验在其中不仅变成了一个学习的框架，而且也是一个自我转变的参照。”（Richards and Wilson，2006：1220）

消费博物馆

商品化过程在许多层面上对消费者有重要的含义。这也就提出了与“文化如何被包装”以及“我们如何参与这种包装”相关的问题，这些问题让我们明白，在一个消费社会里做一个公民意味着什么。已经发生变化的参观博物馆的体验，为我要表达的意思提供了一个有用的说明。普兰蒂斯（2001）对近年来博物馆为了适应各种市场压力不得不做出大幅度调整的情况做出过描述。普兰蒂斯讨论了欧洲博物馆总数的巨大增长以及它们为给消费者提供怡人的、刺激的本真体验所做出的最新努力。展现“本真”的需求对于博物馆来说当然不算是新的需求，然而，博物馆与其他展示本真性的机构之间竞争的压力却是全新的，并且已到了这样的程度，“博物馆如今已沉浸在一种广泛的商业文化氛围之中，作为获得‘真实’效果的一种手段，它献出了大量的空间”（Prentice，2001：7）。于是，博物馆体验正越来越与主题化和互动发生关联了。而且，在最近数十年，已经存在一种历史遗产大众化的趋势，一些学者已经对这种后现代性危机进行过研究（Laenen，1989；Goulding，1999），这一危机导致了一个明显无深度的社会的产生，这个社会分明是由其表象所界定的。因此，对戈尔丁（Goulding，1999）而言，在一个其他方面被剥夺了意义的社会中，历史遗址旅游提供了寻找意义的一种途径。事实上，历史遗址对那些有恋古怀旧之幽思的游客来说，也确实产生了情感刺激的作用。博物馆向个体消费者出售的正是那种体验，那种明显的感情上的满足。

通过对波迪斯塔与阿迪斯（Podesta and Addis，2007）著作中提出的娱乐教育（edutainment）概念的一个简要思索，我想说明我要进一步表达的意思。“娱乐教育”基本上是指学习和娱乐的结合，特别是指通过能够让消费者在虚拟的环境下主动参与的多媒体技术来完成的那种结合。因此，波迪斯塔与阿迪斯谈到了罗斯地球与宇宙中心（Rose

Center for Earth and Space），这是美国自然历史博物馆的一个组成部分，于2000年在纽约开放，它为世界最先进的虚拟现实模拟装置安置了一个家。一些评论者甚至曾经认为，这个中心已经超越了天文馆，并且应该另外用“未来剧场”或者“赛博机场”（cyberdrome）来为之命名（Podesta and Addis，2007）。

> 博物馆的新定位是基于一个真正的游客导向战略，它把游客当做一个消费者来考虑，这是它的推销方法的起始点。它所提供每一种服务，包括虚拟实在，都是用来创造旅游体验的。这种方法导致了教育与娱乐之间、精英艺术与大众艺术之间的结合。（Podesta and Addis，2007：14）

在波迪斯塔与阿迪斯看来，娱乐是一种工具，通过它，消费者的学习机会被最大化了，并且，这个过程的紧要之处在于，它前所未有地把消费者更广泛、更深入地卷入了产品之中。从这一观点着眼，娱乐教育在为消费者赋予权力的同时，也就只能听任生产者发展他们的“产品范围”，在这种情况下，麦克格拉肯（McCracken，2005）认为，把通过文化来提高和教育个人作为博物馆职能的升级模式已经被逐步废止。令人感兴趣的是，麦克格拉肯认为，位于这一转变和其他更广泛的社会文化变革中心的正是消费社会的转向。这一转向带来了这样一种局面：消费者在其中变成了值得考虑的仲裁者，像博物馆这样的机构在这里不得不做出自我调节以便适应个体的需要。麦克格拉肯指出：

> 消费社会已经改变了参观者对博物馆的期待……新型的参观者开始寻找……的经验不是把他们推上了更高的等级秩序，而是推进了一个体验的世界。他们来寻找的不是具有身份流动性的参与，而是具有生存流动性的参与。参观者前来寻找的是新的体验、

> 情感和参与。这些体验仍在变化之中，但是，它们正按照不同的文化逻辑以一种新的模式在变化着。（McCracken，2005：143）

因此，作为上述过程的一个直接后果，博物馆事实上与其他的文化机构非常相像，似乎都在以旅游的模式来塑造自己（Kirshenblatt-Gimblett，1998），而且正是通过这样的方式，它们离开了自己工业时代的形象，宁静的沉思之地被重构为涉及感性、情感和想象的场所。把麦克格拉肯在上文中的说法用不同的方式表达出来就是，博物馆已不再被它们与展示对象的关系来界定，而是相反，被它们与参观者的关系所界定（Kirshenblatt-Gimblett，1998）。

戈尔丁认为，上述变化不应该把我们引向以下结论，即文化遗产的消费者都是被操控的。消费者不会自动地像博物馆专家可能希望的那样去消费博物馆。比如，戈尔丁访谈的许多博物馆的参观者表达了对历史再现的教谕性质的不满，并且说到他们更喜欢当代博物馆的体验，而不需要被提供更多的孤独和想象的机会。因此，普兰蒂斯（2001）援引了英国哈利法克斯岛的尤利卡（Eureka，意为：我找到啦!）博物馆的例子，这是一座突出触、嗅、听和说的博物馆，所以，消费体验被设计为介入型的而非被动型的。它旨在“寻找激活思想的刺激以引发警觉的体验”（Goulding，1999）。这里关注的要点是，消费者在这种情况下无论是多么主动或者多么不主动，可能都无法回避这样一个事实，即这样一种警觉的体验只有在个体进行消费的这个消费空间为个体设定的限制条件之内才可以成为可能。

许多作者都曾认为，现代旅游实际上是被商品化的过程所限定的（Richards，1996；Watson and Kopachevsky，1994）。从这一观点来看，旅游涉及通过对地方的浅层消费而掏空地方的意义。尽管如此，正如理查兹（1996）所注意到的，像布斯汀（1987）和麦克坎内尔（MacCannell，1976）这样有影响的作者都曾加入到对旅游可以通过消费行为主动注入意义的论辩。有一件事情是确定的：附属于特定地方的文化与象征资本必须被加以有效利用，才能确保旅游可以作为一项维系当代风景生产的主要消费实践持续运行（Richards，1996）。

沃特森和克帕柴夫斯基（Watson and Kopachevsky，1994）的论点是，把现代旅游看作是当代生活商品化本质的一个肤浅的和不真实的隐喻显然是误入歧途，尽管“随着商品化过程的象征形式的增长，以及实际上并入大众传媒并被它所垄断的过程，作为一种社会行为的旅游，越来越被从自发的领域和照例应该为旅游和旅游经验划定范围的自由选择中驱逐出去了”（Watson and Kopachevsky，1994：645）。这一点是至关重要的，因为，如果旅游还可以作为其他什么事物的隐喻的话，它就是一个有关当代生活经验的隐喻，它似乎是建立在自由选择的理想之上的，只有在该选择实际上某种程度地被意识形态所指定的时候。

在把商品化过程界定为一个物品与活动开始被主要根据其交换价值来评估的过程的时候，鉴于在当代社会中景观的高调姿态，沃特森和克帕柴夫斯基（1994）也曾承认牢记符号价值重要性的必要。旅游事实上被为了用于交换而被包装，这样的包装对消费者而言也就意味着，他们只有通过消费才能找到他们渴望的幸福。言下之意也就是说，消费者被这样的一种旅游形式异化了，以跟团包价旅游为例，正如我在上文所揭示的那样，它在声称扩大了选择余地的同时也限制了选择。换句话说，旅游在任何意义上都没有提供对资本主义逻辑的逃避——它正是这一逻辑的一个延伸。旅游消费的空间通常受到预期体验的高度限制，只要你能遁入这种体验，它似乎是不受外部控制的，但在事实上，通过这种所谓的逃避预先确定的性质，旅行者失去了对自身的非工作时间如何被使用的控制能力。换一种说法就是“……消费文化借助于人们对现实的遗忘而一路展开，它把许多日常生活的社会经验私有化了，所以，它们永远也不会被理解为社会性的”（Watson and Kopachevsky，1994：648）。

文化街区

文化旅游对城市的影响明显与一系列复杂的过程有着密切联系。至少，本章已经开始证明在试图理解文化的全部多样形式时必然要面对的难题。比如，我们可能将之与对当代美术馆的一次参观联系起来的文化，与我们将之与一个蒙古乡村旅游者找到的文化联系起来的东西，就是非常不同的。尽管如此，所有形式的文化都越来越受制于设定了该经验性质的结构性干预。为了进一步说明这一点，我将对一个特殊形式的案例做一些思考，在这个案例中，文化被更广泛地被运用在后工业经济复兴实践当中，也就是通过所谓的“文化街区”的名目。文化街区作为一个文化活动集中的地方并不会让人感到意外，它可能实际上呈现为包括以下形式在内的多种形态：博物馆区，一个合并了博物馆和表演艺术机构的社会公共机构性质的文化区域；大都会文化区，这类地点可以说是更大的动态的城市集合的一部分；以及以创新产品和设计产业为特征的产业文化区（Montgomery，2007）。但是，正如蒙哥马利（Montgomery）指出的那样，文化街区不可能单独获得成功。它们的公开流行和经济成功依赖人们通过它所提供的消费机会而对这个地区的气氛和声音的接触，特别明显的也许是以晚间经济消费的形式。文化街区对消费者是有吸引力的，因为它们混合了正式的和非正式的形式。在贝尔和杰恩（Bell and Jayne，2004a）的著作《分区的城市》（*City of Quarters*）中，他们引述了霍尔和哈伯德（1998）的意见，认为城中村已作为一个“橱窗”而兴起，它们是通过对历史上富有特色地区的改造而创生出来的，或者是通过为“先前具有经济、文化或空间含混性的”（Hall and Hubbard，1998：1）地区创造识别标志而形成的，这些橱窗就是为了促进标新立异的消费的。贝尔和杰恩认为，文化街区或“城中村”以中产阶级居住的城市飞地为特征，但是它们的特征可能差别巨大，比如说在形式上有同性恋村、种族街区、贫民区、红灯区或者创新区等。与我们在第三章中讨论的推进创新型城市的最初动机相关联，这些空间被设计出来是为了通过文化的手段并借助假想的社群多样性的固有活力来重新盘活城市，这些社群包括女同性恋群体和男同性恋群体、青年与种族社群。

> 这是一次以财富创造与消费（以及消费的生产）的联合为基础的城市复兴。文化与服务产业，以激励人们花钱的视觉魅力为焦点——包括饭店、博物馆、俱乐部、体育馆和专家及设计师商店（非传统的产业和制造业）等一系列的消费空间。这是一种以这种经济、文化象征以及它们在其中被创造和消费的空间等相关的生产领域为基石的后工业经济。

尽管从一个角度看，文化街区提供了一种极其重要的以城市为基础的大众的、与文化相关的活动（McCarthy，2006a），那些空间诉求的基础主要与以下事实相关，这就是它们在为私人消费提供一个狂欢化空间的同时，也在一个共同的事业中创造了一种归属感，不过这种归属感只存在于那些有充足的文化和经济资本去参与的人中间（Bell and Jayne，2004a）。

如蒙哥马利（2003）提示的那样，有关文化街区的令人感兴趣的问题是，尽管以前它们是作为一个偶然的历史事件而发展的，或者说它们是城市渐进过程的一部分，但如今它们却呈献出一个非常详细周密的复兴部分城区的战略方针，所以，大大小小的众多城市纷纷便把自己投入了建设文化街区的奋斗之中了。城市对文化街区的这种渴望也反映了贯穿于本书的一个更具概括性的观点，那就是后工业城市的未来发展越来越既依靠对城市的象征性再现，也依赖对以下这种观念的夸张的投入，即每一座城市都可能达到那种包含在由文化引导的城市复兴概念之内的那种活力四射的、在文化上具有创造力的高度。

文化街区中最经常被援引的例子无疑是都柏林的圣殿酒吧（Temple Bar)。它原是都柏林最老旧的地区之一，因为它处在码头相邻区的地理位置，这个区域有悠久的买卖交易传统，但是，到了20世纪末期，它却变成了一个闭塞的地方（Montgomery，2004）。除去它活力不减的地方名声之外，到1990年为止，圣殿酒吧多少已经显出了衰败的气象，并且被确定作为一个文化街区进行重建。资产更新计划实施有力，而且文化工程也得以相互资助。圣殿酒吧的公共投资总额是4 060万爱尔兰镑，其中的3 700万镑花在了1991年至2001年间的文化发展项目上。这个过程包括了城市基本结构的复兴和旅游基础设施的投入，所以，商场和饭店的数量都有了一个相当多的增长，而且，到1996年为止，12个文化中心已被建成。最后的主要开发项目是圣殿酒吧东端的新的零售业和住宅区。正如麦卡锡（McCarthy，1998）注意到的那样，重要的是不能忘记，圣殿酒吧的创举有相当一部分成就是名副其实的，尤其表现在景点的外部环境复兴，它适中的规模使得大量积极的批评性建议能够以集中的方式被采纳。但是，除此之外，在圣殿酒吧的开发中，最让人感兴趣的则是它的"以本真文化吸引大众的优点为杠杆去刺激经济复苏——这一明智而深远的战略"，这是它自复兴以来被广泛认可的原因，并且，这一点尤为理查德·弗罗里达（2002：302）所赞赏。蒙哥马利（2004）注意到，在众多批评中，主要的观点是，这个地区已经因特许经营的绝对过剩而被"婚前单身"聚会市场所取代，这种状况的一个直接后果就是，这个地区已颇具讽刺意味地变得太大众化、太乏味了（McCarthy，1998），这使得其他的都柏林人和游客不再光顾这里，在1998年，圣殿酒吧甚至公开发布了对英国单身汉聚会的禁令（Rains，1999）。

上述明显琐碎的事例表明了这类复兴的一个普遍问题，这就是一个主要是由消费来限定的文化与复兴的公式化了的概念，没有把有可能参与消费机会的不同的群体考虑在内（Rains，1999）。许多城市已经为满足彼此对抗的文化形式的矛盾需求付出了努力，晚间经济常常是这种紧张关系的一个焦点。纽卡斯尔在这方面就是一个最好的案例，这个城市在面对如下处境时不得不保持一种微妙的平衡。它既想自己作为一个文化温床（鉴于它与文化场馆波罗的海现代艺术中心［the BALTIC，即 Baltic Centre for Contemporary Art］和仅有一水之隔的圣盖茨黑德［Sage Gateshead］艺术中心的关系）向世界展示，与此同时，它也要把从比格大市场（Bigg Market）的工人阶级饮酒文化那里获得的收入最大化，比格大市场这个地区是纽卡斯尔作为一个“派对城市”的标签。在描述颠覆社会规范、违背行为准则的纽卡斯尔夜生活情况时，查特顿和霍兰兹（Chatterton and Hollands，2003：207）认为，特别是年轻人由“现代消费文化的自私的个人主义”转向对他们自己的小型共同体或“对抗文化”的创造。因此，不考虑表面上的紧张关系，就如同霍布斯等人（Hobbs et al.，2000）所说的那样，实际情况是城市的游乐地带和娱乐街区被精心设计以求实现“图案化的阈限带”的功能。霍布斯等人指出，“绝大多数的情况下，分界区的兴旺发展是在兑现承诺，而不为了共同体的获救”（Hobbs et al.，2000：712）。换句话说，任何一种有助于维系身份意义的独一无二的公共经验，在所有的消费形式中，本质上都可能都是不完整的。无论以何种形式把文化圈入栏中，都只是为了经济的目的。

就圣殿酒吧的开发所涉及的问题而言，尽管与公共的饮酒文化相联系的自由可能只是虚假的幻象，但同样令人担忧的是，这个地区正在中产阶级化这一过程的消极后果中遭受折磨。中产阶级化过程对地域感受的影响永远是一个值得关注的问题，但是，按照蒙哥马利的说法，它不应该被假定为社会的罪恶，“因此，问题就在于精确计算出一种健康的中产阶级化过程，或是一种为地方增加活力与多样性的区域复兴运动，什么时候会翻转过来且变成不是走向多样性而是走向统一性的不健康的中产阶级化”（Montgomery，1995：168）。蒙哥马利的说法颇有道理。

实际情况是，许多圣殿酒吧原来的从业人员、地方商人以及当地居民，曾经因不能负担由物质条件改进而造成的日益增长的成本和租金而被强制迁离。与此同时，愿意迁入这个地区的原住民的数字统计在目前的情况下尚无法完成，随着成本和租金的提高，许多原住民迁出以及更富有的居民在此地落户，当地原有的那种放浪不羁的氛围似乎已大半丧失（McCarthy，1998：280）。对这些问题的关注也反映在麦卡锡以下论点中，他认为，文化街区的开发就其本质而言可能是一种具有排他性的事业，这完全是因为被吸引到这些地方来的人极有可能是来自于更高收入的社会阶层。这本身就制造了一种真正的社会紧张，包括迈尔斯（Miles，2004）所说的那种“自愿的变量”：它是指这样一种情况，即那些中产阶级化城市的居民会踊跃选择来这里，而另一些则不然。

从上述观点看，文化街区提供了文化驱动型复兴的另一类范本，它看起来是为了城市的公共利益，但其最终则只是有更有利于某些城市居民，而其他人却并未受益。更有甚者，作为被文化街区展示的文化已经变成了后工业衰落问题的一个再简单不过的解决方案，达恩杰（Dungey，2004）已经注意到了这种情况，“如今已经没有一个主要城镇或城市的规划不包括着一个文化街区的设计，它们旨在吸引并发展娱乐、美术、传媒和设计等知识经济产业”（Dungey，2004：411）。

在谈到文化街区开发中艺术的公共作用问题的时候，麦卡锡所关注的对象主要是利用公共艺术去加强地方身份认同的需要，这种需求与超越地方语境去提升地方形象的愿望产生了直接的冲突。对通过文化街区走向复兴的这种途径，另外一些批评包括这样的观点，即通过城中村或街区的设计来提升统一的集体身份，可能实际上与城市在另一方面正在竭力地广泛推进的大都会化和差异化进程是相反的（McCarthy，2006b）。蒙哥马利（1995）坚信圣殿酒吧的活力和文化神韵，并且在他写作之时还在认为，要判断它是否成功还为时过早，但若是今日到此一访，似乎已经可以表明，它的主要成功之处全在于圣殿酒吧的饮酒文化，这种文化至今仍处于这个地区嘈杂市声的中心。

由此看来，文化街区果真可以提供它所承诺的一切吗？杰恩

(2004）对特伦特河畔斯托克城（一个过去的陶器城，位于英国的西米德兰兹郡）振兴中文化作用的评价进一步证明了对文化潜能的无节制的信任与更加乏味的现实之间的反差。杰恩就特伦特河畔斯托克城使用文化区概念助推城市复兴的目标发表了一份相当冷静的分析。他批评了以下这种观点，即认为文化投资、特别是创新产业能够带动后工业的就业，并同时鼓励人们到市中心去居住，以逐步提高城市生活质量。杰恩认为，重要的是这些苛刻的严格标准只有在这样的情况下才适用，即创新型产业的发展已经与我们城市的复兴密切相关。

> 与许多其他的西方城市不同，特伦特河畔斯托克城依旧过度受到工人阶级的生产和消费文化支配。因此，对于后工业产业的从业者、旅游者，以及许多离开城市并去寻找别的城市可能提供的更有活力的经济和文化机会的年轻人来说，这个城市在某种意义上仍显得面目模糊。(Jayne，2004：208)

换句话说，有缺陷的文化战略与特伦特河畔斯托克城确实不可能实现的过大的经济蓝图的结合，也就意味着任何对于成熟完善的城市文化街区的期许都注定要落空。问题就在于城市是迫不得已才决定加入后工业未来的主流愿景之中的，它们分明没有考虑自己能够真正向外部世界提供些什么，仅仅因为这似乎是适合它们表演的唯一阵地。为了获得某种甚至是不确定的竞争力，这些城市似乎没有多少选择，只能奔向一个根本不平等的竞技场（参见 Bell and Jayne，2004a）。

结论

对一些作者而言，旅游就相当于一组已知的样式或表演。它本身就是表演，就此而论，旅游者甚至可能发展到与旅游提供者串通去达到一种自我欺骗的地步（Prentice，2001)。旅游消费者是有准备的、预先编好了程序的，他们会为因体验经济并以体验经济的名义向他们提出的“真实的”票价而留下印象，如果你愿意这么理解的话。文化旅游的关键不在于如何去展现真实性，而在于激活它（Prentice，2001）。在这一背景下，如罗杰克（Rojek，2000）注意到的那样，旅游消费者也知道他们消费的旅游景点的缺陷。他们拥抱摆在自己面前的这种人工的、模拟的环境，并且，他们主动地找到了一种隐含在一个以人造物和“超级拟造”（super-simulation）为规范的世界中的体验。罗杰克由此而对一个完全消极的文化旅游观点的智慧提出了质疑，这种观点谴责把文化作为城市复兴的手段。在罗杰克看来，当代旅游本质上就是让人快乐的，并且，它因此提供了一个再度施魅的机会。不错，旅游关乎消费，但它实际上主要是与对差异的消费有关，因为，无论我们消费的是怎样卫生安全的文化，无论文化旅游发生于其中的物质环境是如何的同质化，也无论是在参观悉尼的海滨还是斯托克城，体验本身在性质上至少具有某种意义上的独一性和地方特殊性（Rojek，2000）。

> 旅游的工业化已经替代了在以寻求本真性为基础的旅游经验中的那种令人陶醉的关系形式。然而，在这同时，它产生了一种新型的城市——工业分离的可能性，在急剧增长的运动速度中，它使城市生活的许多方面重获魅力。在去魅和反魅之间的运动是一个不间断的过程，在可以预见的未来，旅游将依旧保持这种双重的趋势。（Rojek，2000：67）

接下来将要出现的情况，也许不会是游客们用旅游者的视角观察所到之处，专心致志地去找出某些有特色的东西（Urry，2002），而是游客们实际上可以说是在一心一意地去融入环境，并且是以一种表演的风格来这么做的（Maitland and Newman，2009）。从这个角度来看，对其他文化的被动体验远不是文化旅游的全部。对旅游中本真性问题的最重要的思考之一，可以在柯亨（Cohen，1988）的著作中找到，他认为，本真性其实是一个可协商的实体，它取决于消费者期许的目标。柯亨因此驳斥了那种认为消费社会改变了文化产品的意义的观点，尤其是考虑到这样的事实，即许多这样的产品都是被展示在一个壮观的文化工作台之上的。柯亨想要表达的是，尽管消费者可能感觉到自己的经验是真实的，事实上，向消费者展示的东西不过是一个前台，“一个舞台化了的旅游空间，一个无可遁逃之地”（Cohen，1988：373）。他认为，旅游者用自己的方式接受了文化产品，只要它的某些特点被那个个体认为是“本真的”，这一事实本身就足够了，换句话说，消费者对本真性的理解是相对宽松的，并且构成了该消费者作为“游戏”的旅游体验的一个方面。柯亨认为，假如旅行者的体验要获得最大化效果的话，一定程度的作假，一种暂时相信的状态是至关重要的。而且，文化的商品化也可能帮助保存那些在另外的情况下可能注定要消失的文化传统。

> 虽然对外部的观察者而言，商品化过程似乎可能包含着一种彻底的意义变革，当一种文化产品正在转向新的、外部的观众的时候……本地人却常常在用传统语汇解释着新颖的环境，因此而感知到了一种文化意义的连续性，而外地人可能无法察觉。（Cohen，1988：382～383）

根据我们对文化旅游与消费空间的关系的广泛讨论，柯亨所阐释的问题似乎只是他的假设，他认为，文化旅游的游戏般的体验本身就足以抵消消费者某种程度上“受骗了”的观念。有关旅游消费的受骗程度确实不是问题的要点。消费空间在让我们依恋我们自己的消费者角色方面发挥了相当重要的作用，其中最有意思的是我们实际上已成了消费社会所赞许的那种价值观的同谋。是的，我们接受这个事实，我们作为旅游者的体验至少部分是不真实的。我们与这种自我欺骗所给予我们的快乐合谋。问题依然是通过消费限定的体验快乐的自由是否算得上是一种自由，消费已将我们对于物质环境的参与紧紧绑在一个特殊的正统教义之上。

如贝尔与杰恩（2004b）所主张的那样，在一个弹性积累的制度中，消费的风景与大面积的破坏必然是共存的。而且，城市间的不平等被复合在同一个叙事中，在它不可能做到的时候却声称每一个城市都是平等的。吉布森和克劳克尔（Gibson and Klocker，2005：100）曾指出，努力去建构一个文化城市的愿景必然是公式化的。文化的城市是一个神话建构，并且，它永远也不可能实现政策制定者所希望达到的要求。麦克古根（McGuigan，1996：95～96）因此而考虑是否还会有一线希望：

> 大量的公共文化投资能够令人满意地改善去工业化过程的可怕后果。……实际上，这样的城市复兴清晰地表达了后现代的专业和管理阶级的兴趣和品位，却并未解决一个摆在眼前的问题：它减少了生产基础，产生了财富和就业的分化，以及形式多样的社会排斥机制。

麦克古根的一个主要关注点在于，明显的情况是，商业已经压倒文化，因为资本的需求主导着公共利益，所以，文化实际上已从它原来作为公共领域资源的位置被重新指派到一个排斥性的可销售的商品的位置。如斯克莱尔（Sklair，2002）所显示的那样，除了消费主义在生态上不具有可持续性这一事实之外，它也是阶级的两极分化的原因。更有甚者，如麦克古根（2004）指出的那样，我们已经能够确认资本主义在性质上向一个文化资本主义时代的真正转变（Rifkin，2000），此外，被霍奇施尔德（Hochschild，2003）描述为“私密生活商品化”的时代也已经到来。这些过程使得经济与文化走得越来越近。理弗金曾对资本主义权力的殖民化提出了一个严厉的警告，并且主张资本主义实际上是一个完全封闭了的严密空间。在一个文化实际上已被穷尽开采的情况下，理弗金认为，希望在于市民社会，“第三阶层”——普遍的社会性在这里可以有助于信任和意义的生长。

如理弗金所暗示的那样，这里间接关注的问题是文化领域因被架空而在市场和政府之间的某种无人地带而到处碰壁。在这个过程中，它的现实实践遭到了不断的破坏。文化不是我们“占有”的某种东西。相反，我们应该指望通过文化去分享和颂扬我们的人性。然而，文化被利用的有效方式已经制造了一个似乎并不乐观的未来。

> 文化仪式、社区事件、社会集会、艺术、体育运动、社会运动以及公民参与活动，都在受到商业领域的侵犯。眼下的重大问题就是，在未来的若干年间，随着管理和文化职能的极大削弱，并且，只剩下商业领域作为人类生活的主要调解者，文明是否还能够幸存下来。(Rifkin，2000：10)

消费空间在塑造个体与城市以及与该城市的文化关系的方面发挥了重要作用。这种关系的重要性质反映了精英阶层已经没有能力去控制后工业经济的发展过程以及佐京（1995）所说的“城市生活的混乱”。为此，佐京有些忧虑的结论是，“假如整个城市，被它们的市中心引领着，继续被公众舆论与私人投资分隔开来，公共文化的梦想将成为一个空洞愿景的牺牲品”(Zukin，1995：265)。从这一观点来看，审慎周密的文化逻辑已经渗透了我们的城市，帮助把文化的多种维度缩减为一种单一连贯的视觉再现，一种主要建立在消费主义意识形态基础之上的再现。

第五章　消费建筑

可以说建筑在当今消费城市的象征性生产中发挥了历史上前所未有的关键作用。但是，正如一种据称是重获活力的后工业城市景观所显示的那样，消费城市的象征性权力绝不是最近才有的现象，同样也不是文化价值战略驱动了建筑规划。从1851年的水晶宫，到1859年的埃菲尔铁塔，从1851年肯辛顿的博物馆区，到1901年格拉斯哥的凯尔温格罗夫博物馆，从皇家节日音乐厅到1951年的南岸区建筑群，标志性建筑在空间认识上的作用已有很长的一段历史（Evans，2003）。在疏导消费者与城市关系以及在决定消费者能在多大程度上积极地融入该空间方面，建筑明显地发挥了重要的作用。更重要的或许还在于，建筑在后工业城市的宣传方面发挥着关键的作用。它被分派了向外部世界展示城市前沿生活状态并生动地表现城市自我认识的任务。标志性建筑和新生的公共与私人空间对于一个城市如何使自身与外部人群发生关联已变得至关重要，然而，在这样的一个时代，这种关系的性质还是不确定的。本章涉及的是，建筑在提供一个能让消费空间在其中兴盛发达的物质的、意识形态的环境方面所具有的作用，并因此而关注某些已经显露了这一发展过程的若干后果的具体之处。

对于如克里雷（Crilley，1993a：231）等一些作者而言，建筑方面的再开发活动是地方市场的主要构成部分，地方市场“在协调对城市变革的认识并说服‘我们’相信投机性投资的价值与文化效益”的过程中发挥了主要的作用。从这一观点出发，建筑被积极地动员起来，以再造一个城市活力的神话。它所起到的作用是要在一定程度上表明城市的地理繁荣，而这种繁荣实际是不存在的；这是一个从存在于相关建筑阴影背后的社会问题上转移注意力的利好因素。而且，这一过程使得公共性以私人性为基础的观念合法化了，以至于个体与当代城市建立的关系，只有通过这个城市关于自身的世界地位所发出的宣言来完成，这些宣言是建立在城市作为一个个性发现的空间这一象征性观念之上的，一个城市就是个体创作的地方，但在这里，这类创作中的个人叙述是受到消费所设置的条件限定的。实际上，后工业建筑是一个市场工具，但它的影响要更为深广，就其所发出的信息而言，它已参与了对当代城市正统观念的不容置疑的建构：它宣示着消费的意识形态强权，并且不为其他任何东西留下余地。

考虑到以上的担忧，不去对建筑本身的影响做过度的概括当然是重要的，因为建筑包含了许多的层次。就本章的目的而言，我把建筑理解为是一种表征与呈现有关消费城市身份的主要象征性信息的实践。因此，我在这里所指的建筑，是一种特定类型的建筑，它涉及为有关后工业城市的特定意识形态视角提供物质支持的主要权力关系（参见Jones，2009）。在本书的最后一章，我谈到了在后工业城市的构建中地方市场与销售的作用。建筑是其中的一个关键部分，如果说它还不是这一进程的主要构成因素的话。

上海模型

在试图把城市建筑的作用理解为一种当代城市宣言的背景下，对于那些业已构建了类似宣言的地区，这一认识就显得尤为重要。就此而言，上海就为一种特定的意识形态意图提供了形象的说明。确实，在本书的其他部分，中国作为一个整体也将提供这样的一种生动解说，它表明外部的认识对于一个快速城市化社会的经济抱负具有何等重要的意义。一个未来主义的、后工业城市结构的营造为我们对那些抛弃了一切其他选择的城市的思考开创了一条路径。所以，上海这个城市只能被理解为一个意欲向外部世界展现其高瞻远瞩形象的城市，可以不夸张地指出，上海 20 世纪 90 年代以来的物质和经济变化在城市历史上是罕有其匹的。新上海为一个新的中国所必然拥有的现代性抱负发出了意义重大的宣言。但是，如我在本书中将要继续指出的那样，不管从哪个角度来描述，所谓的获得了复兴的城市都将面临巨大的风险。

上海是一个闪烁着梦幻世界光泽的城市，以浦东地区为代表，这个位于黄浦江东岸的 350 平方公里的区域，曾满是破旧的房屋以及大片农田，如今它向世界的其他地区展现着上海的市场经济面貌。两幢世界最高建筑坐落于此，还有许多中国最好的零售商业区，游客甚至可以通过一些最佳的消费体验来了解浦东，如少量的营地、海底观光隧道的体验。在上述背景之下，建筑也作为带着特定目的的一种手段而登场，其目的在于，为市场经济的优先发展提供一个可以运行的舞台。建筑积极支持消费空间为消费社会充当商店橱窗，这是后工业社会向外部世界展现自己的正统模式。这样的一个过程切断了城市的连贯性，并在上海这一个案中产生了严重后果。正如王安忆所指出的：

> 总之，上海变得不那么肉感了，新型建筑材料为它筑起了一个壳，隔离了感官。这层壳呢？又不那么贴，老觉得有些虚空。可能也是离得太近的缘故，又是处于激变中，映像就都模糊了。

(quoted in Huang，2004：100)[1]

这样的一个过程把全体居民的利益纳入到了经济发展的考虑之内。因此，构想中的城市就成了最重要目标，而建筑的作用，至少从意识形态上来说就是要为被市场所驱动的哲学提供一种生动的物质表现。在一部把上海作为一个世界性城市来论述的著作结尾，阿兰·贝尔福（Alan Balfour，2004）指出，商业化现象业已泛滥，甚至走向了庸俗化，上海及其在这一进程中已出现的各种现象就是一种新的意识形态，商业化的宣传工具在其中充当了粉饰现实的角色。从这样一个角度观察，如它的老街所呈现的那个真正的上海，早已被有效摧毁，所追求的是一个没有了社区或地方痕迹的城市。

> 上海是一个失衡的城市。中国人最古老的追求——持续调整力量以求获得阴阳关系的中正平和——在国家的变革中远远没有得以实现。人们可以声称，阳性是远远过剩，这是因为……消费主义的男性激素，以及在文化方面的某些深层调节亟待复苏城市结构中阴性的力量。(Balfour and Shiling，2002：362)

上海实际上成了一个受到其市场经济抱负限制的城市，并且它无法超越被此一抱负所诠释的现实而正视自己。诸如肖特（2006）和吴（Wu，2000）等作者因此而把上海看作是具有全球化企图的一类城市的宣言：一个自觉的全球化城市，它与外部世界的关系是由其建筑来加以演示的。如同肖特（2006）所理解的那样，对于一个渴望达到最高等级的城市而言，建筑是一个主要的优先考虑事项。这里的问题是，上海，或至少是上海（以及那些具有同类渴求的城市）幕后的决策者

---

① 这段文字出自王安忆《寻找上海》一文，英文翻译出入较大，此处照录王安忆原文。——译者注

所追求的目标，是否是一个与被人所认知的或至少是与其居民记忆中的那个城市相容的城市。

建筑身份

关于建筑如何提供一张在城墙的外部可以观察得到的外向型面孔，上海也许在某种程度上是一个最佳的例子，但是，这一案例应当让我们更细致地思考在建筑与地方形象之间更为广泛的联系。对于建筑与消费的关系最具洞察力的观点，至少是从建筑学的观点来看，也许是克灵曼（Klingmann，2007）有关“品牌景观”（brandscapes）的讨论，在这个讨论中，她坚持认为，建筑已经越来越偏离了其对象的功能，并且，作为促使经验变化的一个部分，它能够催生象征的意义。在这里，主要的争议在于，在一个由精心设计的、以消费为导向的空间所提供的限制之内，而且，建筑设计师们优先考虑的是专业性的问题，而不是他们的顾客需求，在这样的背景之下，个体在多大程度上能够自我发展并形成自己的生活风格。克灵曼认为，实际上，建筑设计师已经完全不去考虑建筑物的经验的构成要素以及这类建筑的日常效果。在一个市场驱动的环境中，消费者在其中，至少从表面上来说，似乎是有一定选择余地的，也确实可以去这样解释，即为了满足顾客需要，建筑已经明确地在努力争取提供一种舒适的并且是逐步改进的产品（Benedikt，2007）。

当今时代建筑设计师与消费的关系（Herman，2001a，2001b）是一个含义复杂的问题。在零售业（本书第六章对此进行了更为详细的探讨）的具体背景中，从传统上说，建筑设计师是拒绝它的存在的。事实上，正如赫尔曼（Herman，2001b：738）所指出的那样，“作为一个整体，建筑只有购物的企图”，因此，建筑师的那种可能是作为20世纪城市主义发展中关键因素的积极应对最新变化的能力已在一定程度上受到了削弱。最近一个时期，建筑设计师倾向于拥抱商业主义的原则，而与此同时，似乎也正在从他们作为建筑设计师的社会角色的所有真诚的想法中大规模地撤退，这里的问题可能是，在一个从根本上被商品化了的世界中，建筑设计师已不可能去追求一种社会目的。

> 对建筑的“正当的”要求被理解为对某种乌托邦理想的追求，它是在为每一个人努力争取一个优良的、精心设计的和谐生存空间，任何消费主义的迹象都会使这一田园景象受污染，都会对其潜在的主要目的产生贬损，这个目的就是把社会从欲望结构中解放出来。现代性的这一从未明言的契约内含着其自身失败的种子：它优先追求发展，而发展需要一个驱动力，20世纪的消费则因此而如日中天。(Chaplin and Holding，1998：7～9)

建筑设计这个专业本身存在着一个似隐而常显的等级秩序，在其中，那些以建筑逐利的公司较之那些以设计为导向的同行肯定是微不足道的（参见琼·杰德［Jon Jerde］的有关研讨及本书的第六章）。这是一个同行接受重于公意表决的领域（Chaplin and Holding，1998）。在讨论建筑设计师在改变后工业风景过程中的作用时，莱姆·库尔哈斯（Rem Koolhaas）坚持认为，建筑设计行业是以这样的方式构成的，除了具有抹去本真的能力，它一无是处。对库尔哈斯（2001：408）而言，我们生活在一个被“垃圾空间”（junkspace）主宰的世界：这是现代化过程的后果，这是从现代化过程中遗留下来的人类残骸，所以，至少就我们所知，“建筑在20世纪消失了”。其最终结果就显示为这样一个过程，在这里，明显是自己独立工作的建筑设计师事实上却被清一色的不可遁逃的垃圾空间所裹挟。垃圾空间把昔日的灵韵殖民化了，将其掺入新的商业的釉彩，因此，建筑的杰作变成了“把客体从批评中解救出来的一个语义空间”（Koolhaas，2001：414）。在这种情况下，娱乐业就其固有的排他性而言，是霸道的，它固执到如此地步：世界变成公共空间仅仅是为了娱乐这个目的，或者，至少它要有点像化装舞会。库尔哈斯还讨论了某些不假思索地通过市场而强制推行城市远景的情况，正如他在对公共空间的讨论中所指出的那样，“我们允许自己被诱骗进入虚假的隐私。在这里，隐私实际上就是安全感的有价交易，我们在其中都变成了监控遍布的体制之下的自愿参与者，我们在无害的稀奇饮食与大灾大难的交织中活命”（Koolhaas，2008：323）。库尔哈斯接着还讨论了一种情形，在这种情况下，对城市生活本真环境的“系统化漂洗”被以中产阶级的名义强制实施，根据他的论证，这一行动已有效地简化为四个关键的概念：电影、音乐、时尚与购物，其后果便是公共空间成了怀旧的庆典——实际上是一个公共空间缺席的庆典。在这样的情况下，在过去的礼仪被赞美的同时，我们淹没在一个毫无深度的信息娱乐世界之中。有意思的是，库尔哈斯将这个讨论延伸到新时代的酷热的地区，他谈到了诸如迪拜和阿布扎比等充满巨型建筑的城市，并且认为，在这类必须使用空调的环境中，外部空间事实上被抽空了，言下之意，公共性变成一个完全被控制了的观众。他们变成了消费社会的财产。

这里所关注问题在于，通过消费空间展示给我们的世界提供了一个对某些群体而言比其他群体更易于理解的特定类型的经典教义，戴维斯与芒克（Davis and Monk，2007）在其对建筑的新自由主义梦幻世界的讨论中承认了这一事实，他们在讨论中主张，“新自由主义的空间逻辑复活了最极端的居住隔离和消费分区的殖民范式。这些通常是建立在燃烧着争辩欲望的建筑的纪念碑式概念之上的梦幻世界，与‘人类的生态和伦理遗存’皆不相容”（Davis and Monk，2007：xv）。因此，麦克·戴维斯（Mike Davis，2007）接下去讨论迪拜的兴起以及标志性建筑的发展，比如，人造的“岛世界”——一个水下的豪华宾馆与迪拜岛的结合——主题公园中的主题公园，这是穆罕默德·阿尔默克图姆酋长（Sheikh Mohammed al-Maktoum）这位事实上的迪拜CEO的视野以及他对纪念碑式建筑的消费激情的主要构成部分。可是，对于戴维斯而言，这一视野的最终产品也不过就是一个夸大其词、东拼西凑的杂烩而已。建造最大的主题公园、最高的建筑、最大的购物中心以及最大的人工岛，在这个过程中，迪拜成了一个探索城市极限的实验室，它只是表明这样的进程在世界上仍在进行着，尽管已成无力之势。这里的要点在于，正是这样的建筑工程带来的品牌使得城市令人瞩目。迪拜成了一个自由消费的绿洲（或者至少可以说它将自己向外界展现为这样的一个绿洲），并且，在这一背景之下，迪拜这个酋长的领域已经与私有企业没有什么差别，因为企业需要有更高的境界，并且也因此超出了消费自由的需要（Davis，2007）。与此同时，自由企业权力的物质显现则要完全依赖"遭受过度剥削的"南亚劳动大军，而他们是被禁止进入新的消费空间的。戴维斯指出，每年都有成百上千的建筑工人在工作中死亡，而成千上万的工人则曾为欠薪和工作条件恶劣而示威游行。消费的幻想世界是一个在该词的最真实的意义上的幻想世界。

当代建筑的分裂性质是建筑批评家长久以来关注的话题。例如，哈克斯特堡（Huxtable，1997）曾指出，这样的分歧是追求短期利益的放纵欲望所不可避免的后果，他批评了在建造一个丧失了价值判断的非常真实的"不真实"世界的过程中建筑所发挥的作用。这是一个及时行乐胜过一切的世界。对建筑设计师来说，挑战就在于被设计出来的建筑，不能让我们在其中承受利益驱动的世界受到贬损和轻贱。在这一背景下，可争辩的是，设计师需要在他们的公共角色与社会责任方面重拾兴趣。这样的空间时常会试图借助一系列互补的活动，将核心项目合并经营，以便吸引尽可能多的顾客。一个典型的例子可能就是在主题化的购物中心内的大型综合影院的开张。但是，戈特迪纳（2001）警示说，这种互惠的方式使得消费空间对于消费者具有如此的诱惑力，以至于他们也相应地在城市中心的失势中发挥了作用，也因此，一切有关城市本质的观念也就在这里丧失了。

标志性建筑与城市灵魂

建筑可以作为向后工业城市规划传递某种明确的可信性的一种手段，也许，建筑的这种象征性权力唯一的最生动的表现就在于标志性建筑。查尔斯·詹克斯（Charles Jencks，2006）把标志性建筑描述为一个差异性和区别性特征都已被抹除了的世界中的“谜一样的记号”，所以，任何建筑实际上都可能成为标志性的。根据这个观点来看，标志性建筑应是众多过程的产物：信仰的衰落和纪念碑式的失色，还有新建筑对“叫好率”的需求，以及“毕尔巴鄂效应”（我将在本章后面的部分做更深入的探讨）的影响因素。标志性建筑主要是受到了经济发展目的和吸引游客的决心驱动。因此，它也是城市规划战略中常见的结果。在讨论标志性建筑对温哥华市的影响时，托德利安（Toderian，2008）认为，标志性建筑与对注意力的捕捉有关，所以，这些建筑物变成了重获活力的代理者。要想设计一座标志性建筑，也存在着一种固有的和实际的风险，更为开阔的建筑环境的优越性和最终忽略环境要求的风险并存。

在一个由媒体驱动的世界里，如果建筑设计师中没有一部分人热切渴望成为被认为是能够设计出保持设计师荣耀的作品的设计精英，那么，设计师将是非人性化，因此，从某种意义上说，建筑背后的设计师比建筑作品本身还要重要。博物馆与美术馆就是当今时代的公共纪念碑。但是，它们的功能至少在艺术呈现的层面上说是值得怀疑的。比如，埃文思（2003）主张，巴黎的蓬皮杜文化艺术中心从它第二次耗资 5 500 万英镑的翻修开始，就已作为具有文化合法性的“娱乐公园”而出现，在它每日的 25 000 位参观者中，只有不到 20%的人是来观看艺术品的。他们可不是去闲逛的，而是在一边漫步穿行一边消费。然而，这正是问题的实质。“明星建筑师”（starchitect）的作用，就是要设计出能够承担比它的内部功能更为重要作用的建筑作品，这类建

图 5.1　洛杉矶的沃尔特·迪士尼音乐厅原型图。(Photo Andy Miah)

筑之所以会获得成功不是因为人们要来观看那里的艺术，而是因为他们要在咖啡馆、旅馆和书店里消费。这种类型的文化建筑，作为标志性建筑的原型，提供了一种外部的建筑表达，在这种表达中与艺术相关的内容甚少，更多的则是在展示消费这类标志性形象所必备内涵的机会。

这种“体验就是一切”的哲学，在位于大曼彻斯特特拉福德的帝国战争博物馆北馆身上得到了形象的说明，这是由设计师丹尼尔·理贝斯坎德（Daniel Libeskind）带着高度的自觉而设计的，它让观众迷失方向，以反映令人迷惑的战争经验。如埃文思所指出的那样，更多的担忧来自这样的事实，许多标志性的文化建筑努力营造的是它们自身身份的明晰意义，而对于它们的实际用途可能超过了仅仅作为标志的需要这一点并无清楚的认识。批评家们认为，曼彻斯特的市区博物馆就曾经持续地陷入自我矛盾，它不能确定自己的目的到底是教育还是娱乐，以其中的厄比斯（Urbis）展览中心为例，它在开馆不久就被关闭了。这一困境起因于这样的一种世界状况，在这里，建筑主要是作为一种物质的表现形式，而不是功能意图的最终实现。在海兹灵顿（Hetherington，2007a）看来，厄比斯完全是为了消费者而建造的，它是一个由消费的实践来界定的空间：与整体的消费体验相比，对博物馆陈列品的视觉消费已显得微不足道了，所以，参观类似厄比斯这样的博物馆，本身就变成了一种对生活时尚的体验。

标志性建筑的威权，也许首先是对那些环绕它的毫无吸引力的城市风景的一种反映。这是一个由昆斯特勒（Kunstler，1993）提出来的问题，他认为，在一种似乎已不辨善恶、人道与反人道不分的状态下，建筑设计师必须承担起一定的责任。在讨论到现代美国的发展时，昆斯特勒认为发展的后遗症就是枯燥乏味、没有灵魂的城市环境，这是一个离开了汽车与电子通信等工具便丧失了与外部联系能力的世界。与此相类似，哈克斯特堡在呼吁激进变革的时候，也还没有达到去预言资本主义灭亡的境地，他只是呼唤一种可持续的经济（相对于一种自我耗尽的经济而言），这是作者在2009年全球经济衰退时期所写的一篇特别具有先见之明的评论。这里是在暗示我们所建造的地方不止是服务于一个社会的目的。它们没有能力容纳哈克斯特堡所渴求的那种可持续经济。这一点在被隔离了的居住区开发中可以说是表现得尤为明显，这一事实再现了莱姆·库尔哈斯关于美国的垃圾空间的观点，甚至明显地带着更为恶劣的后果。

> 这么多的国家财富被捆绑在一个规划拙劣的社区、非人居建筑以及出于纯商业目的的蹩脚建筑上，我们甚至无法想象如何能改变这样的现实。但时间与环境将改变我们使用这些建筑物的能力，无论我们是否愿意去思考这一点。这些败坏了我们风景的垃圾最终将会如何？（Kunstler，1993：414）

在展开一个相似主题的时候，建筑评论家马丁·鲍雷（Martin Pawley，1998）提出了一个论点，这就是当今建筑的真正价值不在于它们的美学特质，而在于它们作为交流终端的功能。从这个观点来看，我们正生活在一个都市生活错位的世界之中，在这个世界里，我们所设计建造的地方在一个我们发现自己置身其中的、人造的、技术驱动的社会里其实是没有作用的。有意思的是，鲍雷描述了这样的一种情况，旧的生产性城市的街道被以“消费圈”的形式重建，尽管如此，这些消费圈分明并不能反映这样的一种变化，所以，城市建筑越来越不过是一种“虚构的”理念。鲍雷因此提到了“潜隐建筑”（stealth architecture）的出现，这是一个后现代建筑的变体，它被有意地设计成忠实地保持昔日的历史面貌的假象。那么，接下来要上演的就是一种所谓的“建筑欺骗”，它反映了旅游业在其中变得对城市的未来越来越重要的一个同步过程。我们也因此而成了以商业性建筑为特征的城市的居民，这些商业建筑实际上已经被最前沿的信息技术机器人化了。

> 这样一种大刀阔斧的外科手术式的改建急切地与抹杀距离的电子威力手段相勾结，其结果便是，一切先前真实的地方，所有先前被认可的建筑范畴都在消失。它们的“历史地层”像计算机文件一样被压缩了。借助这种手段，当代城市掩盖了城市的真正身份在为自己的生存而斗争的方式。（Pawley，1998：171）

全球化进程因此建构了一种新的形式，所有的城市都被连成一体，不过基本上是以不人道的方式连在了一起，所以，它最终产生出来的是一种“沙丘”式的都市生活，其中的居住模式呈一种没有遗产、历史或差别的样态（Pawley，1998）。在鲍雷看来，城市人口被急剧地碎片化，人们越来越不像是定居者，而越来越像是充当旅游消费者角色的观光客。从以生产者为基础的城市主义到以消费者为基础的转变，再现了从地方向空间的转换，在这种转换中，个体通过电视机、电影院、MP3 播放机之类所提供的间接现实，体验了城市建筑的主要理念。因此，此处的论点就是，城市的消费化导致了传统的“真实性”关系的崩溃，以至于“每一种取决于相互依存关系和地方特点的关系链条，都将让位于等值的、以时间为基础的‘虚构的’消费关系。城市建筑本身也不得不放弃它的事实上的创作者身份，以便将自己融入非连续的旅馆风格的、基于时间的消费调节之中”（Pawley，1998：176）。这是一幅风景，产品在其中变成了不可以目见的东西；这是一个建筑转瞬即逝的隐形的全球化城市，在这里看起来是比实际的情况更显重要。

中国作为建筑变革的实验室

在确认了建筑以及具体的建筑物在构建消费空间、因而也在强化消费社会的意识形态方面所具有的作用之后，为了本章的目的，我打算做两个个案研究，以便呈现在同一个问题上的不同视角。首先，记住我早先论及上海时表述的观点，建筑的价值在于它是城市表达自身世界地位的一份说明书，我将要考察它在中国作为一个城市实体的复兴过程中建筑所起到的作用。在此之后，我还要具体考察一个单独的建筑案例，那就是常被誉为标志性建筑原型的毕尔巴鄂城的古根海姆博物馆，这是一个化身，它能为我们说明象征意义在消费社会的构建中所发挥的作用。

在南希·林（Nancy Lin，2001）对中国建筑的讨论中，她涉及了建筑的商品化，以及伴随不动产市场的变化和预售现象的兴起而产生的加速变化。在住宅建筑的发展过程中，类似的过程创造了一种局面，在其中，为确保现存的或前期工程能够以最小的争议和最大的速度再循环，“建筑处方”被派上了用处（Nancy Lin，2001）。在这种情况下，建筑设计图纸充当了商品，开发商会在一个具体地点的工程设计完成之前出售这些图纸，此类实践反映了一种建筑近乎于突发奇想的实用氛围，但是，它们也表明一个新的动向，一个更加全球化的和实际上是建筑观念同质化的动向，市场驱动的主流观念在其中明确成为不二之选。在中国，商业建筑的建造同样不可避免地为诸多问题困扰。公共建筑乃至购物中心的神速建造，其结果便是，以出入通道的设计为例，它们总是未被考虑周全。比如，林谈到了深圳的罗湖商业区，它位于火车站之侧，某种程度上说具有一定的区位优势，然而，想一想满是拥挤的人群与车辆的中国街道，这样的最佳空间创造出来的是“岛城”，在这里，仅仅是进入这一消费空间的过程，就变成了一幕对抗死亡的戏剧。在这种背景下，作为孤立的最终产品，建筑成品的建造完工较之对建筑是否适合于当地的广泛了解要重要得多。这是一个为消费而消费的空间。

上述各类问题，在马兹与霍恩斯比（Mars and Hornsby，2008）的著作中有过深入的讨论，他们认为，建筑在中国越来越变成一个工业化的进程，以至于建筑不再是艺术，而更是一种预制品。中国的城市如今已经成为大众生产、高密度、生活时尚以及由这一切造成的各类负面因素占据了主导地位的象征。这些城市是消费热潮的中心点，这是消费空间本有的面貌，城市必须从工业基地转化为中产阶级的消费场所，中国经济奇迹的本质正是建基于这个原则之上的（Mars and Hornsby，2008）。这个进程制造了一种不可思议的社会分化：城乡分化与本地人口和外来人口的分化。后者至少也象征性地被激励去追逐这个消费社会的利益，可是，实际效果却与此大相径庭。外来人口不可能得到任何社会机构的支持，社会机构只不过是允许他们作为消费社会的不太成熟的成员，或者至少是可以得到某些与成为一个城市居住相联系的社会支持的公民。

> 所以，中国的经济既受益于也同时受阻于这种必然后果：廉价劳动力维持其生产的低成本以冲击国外市场，但这也同时意味着劳动工人并未成为中国国内的消费者。由流动人口带动的城市发展不是消费城市化（consumurbation）（消费化与城市化的联

合），它只是将农民投入了城市。它让地方经济去生产，而不是去消费。这是一个不完全的消费城市化的承诺：上千万低薪的进城务工者必须为别人推进它，而自己只能在最简单的剧情中做有限的参与。（Mars and Hornsby，2008：446）

以上是一份不受限于中国人口流动经验的剧情说明。消费社会不可避免地要被分化，建筑设计师（同样也包括规划者）具有一种加剧这一分化的作用。但是具体回到建筑在消费空间创建过程中的作用问题上，马兹与霍恩斯比提出了一个有趣的观点，中国似乎是一个美学原则在其中不太适用的国家，其国内的建筑没有超越消费社会的义务。因此，中国的城市是建立在某种模仿的现代性之上的，它期待自我拆除，以达到这样的效果："建筑像果汁从挤压袋中喷出一样射向墙面"（Mars and Hornsby，2008：534）。这些作者所描述的这个过程，是一个以现代国际大都市的富足、安适的生活方式的梦想为基础的过程，这是一个已经抓住了上亿中国人的想象的愿景，他们渴望通过消费获得自由的感觉，而因为文化的原因，这种感觉不可能通过某种方式来获得。在中国，而不是在别的地方的情况下，建筑以及城市作为零售业的复兴和重获生机，制造了物质的分界线，上述过程正是发生在这一界限之内，但是，在这一过程中，它重新产生并给予的只是作为一种注意力的转移的权利，而不是作为真正的自主的概念。

当然，中国与消费的关系不止于新的建筑物的建造。所以，布罗德霍克斯（2004）讨论了历史的商品化问题，特别是圆明园的修复问题，在这个处于中国民族主义情绪上升的时期，中国政府经历了一个重新发现和修复历史遗址的阶段，并且相应地为公共的娱乐和消费开辟出一些新的空间。布罗德霍克斯认为，通过把这些特定的遗址转变为"国家遗产"，圆明园的新貌承担了一种十分重要的功能，有助于强化爱国主义和恢复反帝国主义的情感。遗址重建是一个昂贵的工程，国家资助一旦欠缺，就意味着公园不得不去发展它自己的盈利模式，为了这个目的，公园管理部门差不多把帝国遗址变成了布罗德霍克斯所描述的“中国的迪士尼乐园”，在这里，私人业主通过租赁地盘进行商业特许经营，并为游客提供了一个消费的空间。由此，围绕公园的各类小岛就变成了小型的主题公园，而湖泊本身如今早已被踏板船的倒影所装饰，根据布罗德霍克斯的说法，消费文化的霸权在这样一个更宽阔的环境里，已经把遗址保护导向了一个商业化的进程。在这种情况下，教育的需求总会被娱乐的需求削弱（Broudehoux，2004）。而且，这一景点被视为有着一种重要的宣传作用，也是一个举行政治的和爱国主义仪式的享有特殊地位的景点。例如，1997 年中国首都举行的庆祝香港回归纪念仪式就是在这里进行，同时，它也是教育学生了解帝国主义罪行的一个重要场所，英法联军在 1860 年的第二次鸦片战争结束时烧毁了这个皇家公园。景点的浓重商业气息实际上早已在许多方面受到了严厉谴责，因为：

> 中国学者声称，娱乐活动与公园的纪念功能无法调和，不应允许两者共存。商业娱乐玷污了景点的遗产价值，贬低了圆明园昔日的尊荣，也由此而混淆了公园的历史信息及其衰落的意义。因此，批评家们指出，圆明园已经成为一个消费的景点，而不是反思的景点，废墟与风景在这里与动物纸塑、零落的报摊和狂欢表演台争夺着人们的注意力。（Broudehoux，2004：78）

布罗德霍克斯指出，考虑到圆明园原本就是一个帝国的游乐场，精英对它的批评是非常具有反讽意味的。但是，本节的特别兴趣在于暗示，附着在作为反帝国主义话语所在地的新圆明园上的主导意义，实际上被那些游园的观众颠覆了，他们关注的意义更多是有些浪漫意味的遗址概念，它是一个与个人的脆弱性观念相连的时间与身份二重性的标记。从这一观点出发，并借助布罗德霍克斯对这个景点的考查工作，她的论点是，圆明园所配备的设施借助它所提供的享乐的契机而复活了它的历史。娱乐活动其实就是吸引力，但是，只要这里的游客不得不去“消费”他们周围的废墟，就总会在一定程度上接受到国家愿意维护的反帝国主义的信息。景点的消费者因此可以被说成是对主导性阅读的颠覆和再造。由此，被建构的消费机会提供了不同类型的自由，进一步说明了消费者与消费空间之间的复杂关系。最终，似乎变成了这种情况，人们到公园去，主要是去观看或被观看的——这是一个通过新的消费社会的舞台造型去进行自我展示的一种方式，在这个舞台上，如布罗德霍克斯所言，由国家定制的爱国主义毫无优先性可言。这反映了遗产很容易被操纵以去适应不同议题的情况。由这一观点看，让人感兴趣的是这样的一个事实，那些实际上定居在这个景点之内的人们的议程是几乎看不到的，征地拆迁被作为惯例而接受，它已成为中华民族复兴这一更广阔的进程中的一个部分，在这个进程中，社会成员被希望通过他们支持公共利益的行为，去表现他们的爱国主义的情怀（Broudehoux，2004）。

毕尔巴鄂城的古根海姆博物馆

在目前阶段，我想通过对古根海姆博物馆的考察，进一步加强对建筑在消费型城市的象征风景的建造中所发挥的作用的讨论。在下一章中，我将更多谈到文化在地点营造的过程中所具有的作用。在古根海姆博物馆的语境中，我所感兴趣的是在为整个消费空间的周围建构特殊光环的过程中建筑所发挥的作用。从这个角度来说，毕尔巴鄂城的古根海姆博物馆是典型意义的。数十年以来，承担美术类项目的设计对于建筑设计师来说一直属于最富声望的委任（Pryce，2007）。似乎美术建筑为设计师提供了比其他类型的建筑更大的自由去挑战创造的极限。技术优势和通过“明星建筑师”现象所获得的品牌优势，已为精英建筑创造了一个舞台，想象力可以在这个舞台上自由驰骋。把商业压力也加在一起，在多重意义上，标志性的文化场馆就是城市风景中最出色的消费空间的榜样。全球艺术品牌与西班牙的巴斯克地区原有的充满魅力的城市的联姻，已经证明了标志性文化建筑的象征价值和实用价值。就此而言，诚如普里斯（Pryce，2007）所暗示的，毕尔巴鄂城的古根海姆博物馆是这一现象中最成功的范例。

古根海姆博物馆实际上是一个特许安排，它将会在更广阔的城市新生建筑规划的中心制造出焦点或是普里斯（2007）所说的“蜜罐”。由弗兰克·盖里（Frank Gehry）设计的这座建筑是具有自觉的标识性意识的，它是一件具有波浪形的钛质轮廓的错综复杂的人工制品，是一个明亮的梦幻世界，与其毫无生气的工业环境形成了尖锐对比（Pryce，2007）。耗资1亿英镑（外加2千万美元购买古根海姆20年以上的名称使用权），据估计，博物馆在第一年就吸引了130万的参观者，接下来的两年中，游客达到了300万。然而，到2001年，地方利益的下降预示着全年的参观人数已下降到76万，而在开馆的三年之内，古根海姆博物馆已经让巴斯克地区1997年的生产总值有了0.48%的增长，有意思的是，正如普里斯（2007）所暗示的那样，古根海姆的总监托马斯·克伦斯（Thomas Krens），确实把艺术博物馆界定为“一个具有四种吸引力的主题公园：优秀的建筑，出色的永久收藏，一手的和二手的艺术展览，购物与用餐的舒适场所”（引自Pryce，2007：221）。——事实上这是一个典范式的消费空间：一种被事实强化了的哲学，克伦斯（与纽约的另一位雇主合作）在2001年也主持了一次获利1 200万美元的乔治·阿玛尼服装交易展会。而且，已经有人暗示，作为一个有自觉意识的建筑空间，毕尔巴鄂城的古根海姆博物馆是有严重的机能失调的，它在本质上几乎是胁迫性的，至少就美术的展示方式而言是如此：这是一个夺去了其试图为之增色的艺术品光泽的空间。在谈到这个问题的时候，埃文思（2003）指出，类似伦敦泰特现代美术馆（Tate Modern）以及盖茨海德艺术馆（Baltic in Gateshead）之类的艺术殿堂，也曾让馆内的油画黯然失色，后来通过对它们所能展出的艺术品范围的设限使这一问题有所缓解。无论为当代艺术的特殊需要做了多少设计，这类翻新的空间可能也可以在某一方面与毕尔巴鄂城的古根海姆博物馆有所不同，但在另一方面，它们也同样以自己的方式构成了后工业的奇观。

当然，从当地的艺术同仁开始，对毕尔巴鄂模式的批评都曾指出，除了作为“事件”的博物馆的最初影响之外，这样的模式是不可持续的。由此而言，埃文思（2002）引用了罗宾（1993）的观点，他认为这一类空间主要是为了把中产阶级消费者的住所与并不美观的内城实际隔离开来。若干年以来，有许多城市都曾被重复毕尔巴鄂城这样引人注目的成功的可能性挑逗得心荡神驰（对于更多的城市来说，这样的计划业已搁浅）；最近的典型体现便是盖里在阿布扎比设计的将在萨迪亚特岛落户的古根海姆建筑——“幸福岛”——为了消费并且也是表达消费的最佳空间，它还包含一个具有全球化的抱负的庞大的文化导向的发展计划，让卢浮宫在一个新的位置现身显形。

上述发展折射出一个潜在的根据，它以一个现存的文化体制为名目（英国的泰特现代美术馆以略小的规模提供了一个比较的尺度），找到了通向信誉的捷径：一个世界级文化身价的标志（Landry，2006）。此处的目的就是要将国际性的展示最大化，“毕尔巴鄂”或“古根海姆”效应已经实实在在地变成了一种存在着重大疑问的俗套化了的关于重建的陈词滥调，与所发生的一切相比，这样一种视野的存在并不是一种注定要黯然失色的夸张，至少在毕尔巴鄂城早期的一些日子里，对古根海姆博物馆是没有论战的自由的，比如，许多评论者感到投入的大笔资金，本应该花在诸如开办新工厂这样的更具明确的社会和经济效益的倡议上。然而，从更笼统的意义上说，古根海姆博物馆的成功之所以引人注目，不在于其单一的建筑想象力的成就，而是因为公共的视野以及它所内含的说服力（Marshall，2001）。不幸的是，这也就同时暗示着，没有了从长远观点提供支持的正当的公共性基础和真正的历史与地理基石，建筑学的视野是可能被强加的。

克灵曼（2007）从一种建筑学的观点观察上述发展，他坚持认为毕尔巴鄂城的古根海姆博物馆的主要成就在于它在为城市重新定位方面所发挥的作用，所以，一个吸引了众多世界级建筑大师参与的更全面的城市复兴进程才有可能被实现。从这一观点看，毕尔巴鄂城的古根海姆博物馆就不只是一个博物馆——它主要是一个市场工具，向世界的其他地区展现了一个走在城市前沿的毕尔巴鄂城。但是，这里的关键是，就克灵曼（2007：251）关注的范围而言，毕尔巴鄂效应不可能被一厢情愿地应用。

> 挑战在于，把建筑当做一个地方环境战略来使用，拒绝本然与地方特殊性脱节的美学概念……假如我们把建筑看做是与地方身份的当代表达相联系的实现城市转型梦想的推进器，我们就有必要把建筑作为城市复兴引擎的战略潜能与其作为景观的形式表达区分开来。

在复兴过程中，标志性文化场馆的利用当然不是一个预防故障的保险选项。2002 年，拉斯维加斯的古根海姆建筑在营业仅 15 个月之后关闭（尽管古根海姆遗产博物馆确实维持了 7 年之久），这可以被当做一个例证。景观艺术、建筑以及金融投资，可能不足以维持一个娱乐城市，这就提出了一个娱乐是否已经饱和的问题（Ryan，2007）。消费性建筑为处在后工业困境中的城市提供了一个象征性解决方案，但是，如果建筑的作用就是托举一座建立在经验的转瞬即逝的不稳定本性之上的城市的话，这里的问题是，通过这种短暂性来塑造了个人与城市关系是否有足够的可能。

结论

本章尝试着对建筑与消费空间的关系做了一些梳理。在多重意义上，建筑都是消费社会的媒介：它似乎是作为那个社会的代表，去强化正统的市场观念。在这种背景之下，琼斯（2010）曾坚持认为，标志性建筑本质上就是被政治化了的工程。每一座标志性建筑都处于一种被强制性的冲动之中，要让前一座标志性建筑黯然失色，至此，同类的建筑唯有成为物化了的商品的可能。所以，在琼斯看来，标志性建筑是一个有争议的景点，这种争议建立在以下修辞之上，它声称这类建筑作为能指比作为恰到好处地点缀城市风景的物理结构更重要。从这个立场看，标志性建筑最好能被理解为一种权力的物质化，它对城市的现状，尤其重要的是，对城市的当前走向，表达出一种高度的赞同。在这种情况下，公众不再是视觉幻象的被动消费者，这种幻象的意义已被提前确立（Crilley，1993；Jones，2009）。琼斯的分析所带来的问题是，它把对建筑功能的任何理解都与新自由主义的城市观点紧密地联系在一起了，而且在这样做的时候，切断了任何对以下问题的真正讨论，即：无论怎么偏颇，消费是否提供了一定的协商的余地。抱着这种观点，本书的潜在用意就是要在目前这一环节通过建筑的实例去强调消费经验的吊诡性质，当自由明显地从我们的掌握中流失的时候，它给我们提供了片刻的自由。

克灵曼（2007）坚持主张，建筑设计师应该与消费主义发生关联，这不是作为一个自我损耗的过程，而是一个雄心勃勃的、激情四溢的创造机会。也许，这里的问题在于，建筑设计师把消费者理解为一个消极的实体，他们实际上获得了在设计师所想象中他们应得的那种等级严密的消费风景。事情自然要比这种对事态的设想所显示的内容更为复杂。人类当然会把建筑当做个人的代理来阅读和使用。但这里的问题是，这种代理作用只能适应于这样一种特定的环境，这个让它发生于其中的环境明显地源于一种根深蒂固的看待世界的方式——这是作为消费者的我们非常乐于拥抱的一种世界观。

事实上，在一个表达了消费自由的城市的建设中，建筑设计师扮演了一个非常重要的战略角色。建筑提供了一个展现美好前景的舞台。它让人们得到了一种被解放的感受并且为城市的消费提供了一个新的开端。新的建筑不仅对经由消费所限定的社群，而且也对一个本然脆弱和变化无常的世界构成了一种意识形态上的支持（Blum，2003）。在这里，让人感兴趣的问题在于它们给消费者制造的各种不安和妥协（例如，布罗德霍克斯在对北京圆明园旧址的讨论中所显示的情况），消费者似乎能够而且乐意去忍受，甚至还有可能陶醉于此。

当然，我们有必要追问，围绕着作为开发与商品化历险的空间这样一种城市观念，民事关系是否能够真正地得到改进，并且，市场是否在这一方面具有足够的适应性。但这与其说是一个政治问题、一桩令人反感和愤怒的事情，倒不如说是这样一种局面：假定的消费自由是受到环境制约的，它表明我们因此而必须偏离在新自由主义的语境中对文化的批判，转而把文化理解为自由与选择的舞台（无论这种自由和选择可能有怎样的缺陷）。如同琼斯（2009）所指出的那样，建筑也明显制约着选择，但更有意思的问题却是集中在如何让消费者将从他们与消费空间的互动中获得自由与选择的感受，扩散到他们与消费型城市的日常关系之中。

也许，不管怎样，消费型城市至少以一种有限的方式实现了某种可能性，这种可能性是隐含在为它提供了根基的修辞之中的。建筑的作用仍然是要积极地使后工业城市所涉及的一切概念合法化，在这样做的同时，如鲍雷（1998）所提示，它将卷入一种特殊类型的公共欺骗。消费建筑以清洁、卫生的形式为消费社会提供了后工业的风景，它拥有一个强大的前卫平台，在那里，自由与选择的概念昭然若揭。换一种表述就是：消费空间酷似其他形式的广告，它拥有社会权力，缺失的是社会责任（see Leiss et al.，1990）。

第六章　为梦想购物

建筑设计师莱姆·库尔哈斯（2001）坚持认为，购物已走向殖民化，甚至几乎代替了城市生活的方方面面；更有甚者，在一个地方被销售的时代里，城市复兴领域已经变成了配置零售业的同义词（McMorrough，2001）。购物中心实际上已经成为消费对城市结构的物质支配的鲜活证明。一方面，购物空间自然承担了一种实用功能，因为在它们提供了商品买卖的空间。它们提供了一个商品交易的便捷途径，但是，不论是它们的实体面貌以及我们作为消费者介入这些实体空间的方式，都对我们说出了有关我们生活的这个社会的性质的重要信息。在本章中，我想探究的是购物在当代消费社会中的地位，以及购物消费的体验的特性何以能够从根本上改变我们与城市的关系，因为城市已被消费的伦理“塑造”。早在1961年，简·雅各布斯（Jane Jacobs）就已确认了这种情况，垄断性的购物中心把文化和商业从城市日常生活的亲密关系中分离出来了。正如佐京（2005：7）所指出的那样，“购物就是消费我们的生命——但只给我们带来不多的满足。大量的商品在销售——但我们永远找不到真正需要的东西。每家商场都承诺给我们幸福，每一张标签都担保质量上乘——但我们依旧还在梦想着诚正的风范：真实，美丽，价值。”购物空间在这一过程中发挥着至关重要的作用。因此，本章关注的是购物经验的情感投入，不考虑上述感受，那种经验对消费者来说是特殊的，容许消费者得到某种意义上在别的地方得不到的部分满足。

作为展开讨论的手段，同时也作为突出购物，特别是购物中心对于我们生活的全面物质影响的一种方法，面对世纪之交的购物中心，我想简要思考一下建筑学对有关问题与挑战所做出的的解释。在《购物环境：演进、计划与设计》（*Shopping Environment*：*Evdution*，*Planning and Design*）一书中，建筑设计师彼得·科尔曼（Peter Coleman，2004）坚持认为，零售业对一个国家的社会构成和文化构成具有根本性的影响，它占到了劳动人口的 20%。同时，他还引用了经济衰退以前的数字，表明到 2012 年为止，英国需要满足1 100万平方米的建筑面积计划。因此，购物中心处于我们城镇和城市的中心。在科尔曼看来，对零售业界最大的挑战之一就是在一个日渐以视觉为导向的世界里向着一个更具挑战性、更有前瞻性的公共购物目标去重塑自身形象的需要。这个问题在公众对自然的、经常是外部的购物环境的欲求中而不是在开发商为他们提供的内部环境上得到了证明。但是，本章的最大兴趣也许是科尔曼的这样的一种观点，这就是在一个人们关注持续时间越来越短的世界里，购物必须在一个越来越视觉化的语境里去进行竞争。它必须让人兴奋起来以便于它所展示的形象能够在人群中引人注目，根据科尔曼的说法，这反映了一个越来越敏锐的消费者形象，他拒绝被人敷衍，他的需求在新型的购物设施的建设中必须得到准确的反映。

不管消费者在对作为空间的城市的物质再现中是否有足够的发言权，购物已经不再是一种实用性的活动，而是越来越以体验为重的活动，这一观念有助于我们对于城市的更广泛的发展状况的理解。近些年来，就出现过一个零售业规划的小高潮，它声称表达了消费者心目中的要求而且愿意为常规的零售业超越配置找到理由。这些计划包括伦敦的韦斯特菲尔德购物中心、布里斯托尔的卡博特广场（Cabot Circus)以及利物浦的 One 购物中心，后者声称自己是一个集合建筑群，而且，为了使零售设施能够更加体恤消费者，更让人感到满意，内中还设有一个指示行进路线的公园。问题在于上文所说的专注于视觉的现象是否真正构成了对以下情况的确认，即公众已不再信任机构，而且，他们需要与购物环境建立一种更具主动性的关系，更重要的是，对这种情况的明确承认是否是在重申消费者一方的权力。对科尔曼来说，购物关乎精神健康："购物之旅是从提供体验到转变经验的持续进程，比如，通过为旅行者提供具体的参与公共活动或文化活动的机会等（Peter Coleman，2004：5）。"从这一观点出发，购物中心的设计完全是为了一个把购物的环境变成一种带有地方感受的值得纪念的经验——这个问题我们还会在本章的结尾通过对洛杉矶环球街市步道（Universal City Walk）这一特定个案的研究来进行更深入的思考。从某种意义上说，在消费经验中形成的地方感受使得购物旅行比实际的购买行为更显重要。消费空间呈现了超过它们实际用途的目的。如果说销售业上述的最新发展情况是可信的话，购物中心就分明正处在一个自我振兴的过程之中，它把自己当成了公民的目标。但这是真实情况吗？我们的购物环境真的像科尔曼所显示的那样回应了消费者的需求了吗？还是它们仅仅是我在第三章中勾勒的那种城市竞争模式的后果呢？最重要的也许是，隐含在消费空间中的那种公民社会是否真够得上是一种公民社会？

购物与购物中心的历史发展

为了给上述讨论提供背景并勾勒出一个大概的历史语境，突出环境的作用是重要的，它使购物中心的出现成了城市的主要关注焦点。对消费空间兴起原因的理解当然不能离开对消费的更广阔的历史发展背景的理解。就这一方面而言，首先要指出的一点就是，有关消费对社会的影响是否最好被描述为一个近期出现的现象，还是把它描述为一个长期存在的历史现象，在这一问题上存在着较大的争议。消费是现代时段的产儿还是过去的若干世纪以来社会变革的重要部分？在麦肯德里克等人（McKendrick et al.，1984）的著作《消费社会的诞生》（*The Birth of a Consumer Society*）中，他们确认了 18 世纪的英国发生了一场消费革命，在当时的英国，物质财富受人称赞，越来越不是因其耐久性，而是越来越因其时尚性，这样的一个社会首次可以得到确认。麦肯德里克等人认为，消费的欲望不是 18 世纪的新生事物，只有消费的能力才是新兴的，当然，这个过程直到 19 世纪现代消费实践的许多基础被建立起来的时候才结束。在类似的情况下，布劳德尔（Braudel，1974）也认为，消费的兴起并不是与现代性紧密联系在一起的，也与工业化的进程没有关系。交换关系事实上早在工业化之前就以一种复杂的形式得到了发展，特别是在 17 世纪法国市场的名义之下得到了发展，它为市中心的发展提供了一个焦点。商品交易会与嘉年华会也出现于消费空间，这说明了现代消费主义之根无疑可以在人类的交易活动中找到。事实上，布劳德尔甚至认为，封建时代早期的交易集会就具有了重要的社会作用，并且从这个时期开始，一个复杂的交易系统就一直存在，他还因此而强调指出，消费主义以及推进了消费主义氛围的消费空间长久以来就是一个固有的历史现象。

把消费空间的作用理解为城市地方建构中的一个主要角色，有关这一问题的一份重要参考文献无疑是本雅明（Walter Benjamin，1970；2002）论述拱廊街的著作，如同帕特森（Paterson，2006）指出的那样，本雅明把巴黎的拱廊街看作是具有决定意义的 19 世纪建筑，这是一个满是配着平板玻璃窗的小商铺和提供了各种保护措施的覆盖着玻璃的街道。拱廊街以它自己的方式为消费者献上了一个城市，一个使一切都易于获得的世界。诸如巴克-莫里斯（Buck-Morris，1989）等作者都已指出，本雅明将拱廊街视为“梦幻世界”，中产阶级妇女可以从其中接触到消费主义的象征性的内容。就此而言，其关键就是本雅明讨论过的浪荡子，一个标志性的形象，他漫步在公共空间只是为了观看和被观看。从这一观点来看，消费空间为消费者提供了一个个人与集体做梦的地点，空间景观本身在这里可以成为被消费的对象（Mansvelt，2005）。多维（Dovey，1999）把建于1867年的维多利奥长廊（Galleria Vittorio）作为购物中心的原型，因为它也提供了一种先前不对消费者开放的可渗透性：这种长廊带来了一个梦幻世界的诱惑，从中“……产生了一个社会性的却又不是公共性的空间媒介，一个个体优先于群体的‘公共生活’地带。这个长廊把公共想象力私有化了”（Dovey，1999：125）。

以上的各种观点也可以通过对另外一个对购物发展具有特别重要意义的时刻的讨论来加以展开，这就是19世纪的百货商场的发展（Corrigan，1997）。在克里根（Corrigan）看来，百货商场是消费结构形成的一个明显表现，在这里，价格是固定的，出入自由并且不强迫人购买任何东西。关键的是，从这一观点来看，百货商场也同样使消费者比自身在以前变得更加被动，不考虑围绕在他们身边的诱惑，他们也不能不接受销售的价格。克里根认为，百货商场使得购物者以梦一般的状态存在，陶醉于围绕在他们周围的诱人的商品。这确实是“奢侈消费的民主化”。百货商场的发展也与交通运输设备的发展有密切的联系，并且也得益于19世纪城市布局的变化，这也就是说，货物的运输和消费者的市内出行都变得更加方便了。运输业常常利用广告把自己与商场紧密联系在一起，它们宣传自己能提供到达这类商店的最合理的方案。正像克里根指出的那样，百货商场的兴起最让人印象深刻的特点也许就是它的庞大的规模和这样一个事实，那就是它似乎在一个屋檐下为消费者提供了一切他们想要的东西。这在其本身就是一个有趣的意识形态观念：可以提供一切的宣传，把消费者推进了那些已经准备好了物资的人的债务关系之中。从这一观点看，百货商场令人畏惧的规模就是以恐吓为目的的，消费者则心存敬畏。与此同时，这类商场提升了奢侈品的价值。尽管百货商场依赖大宗廉价商品并且是以较高价格出售的，但只靠廉价商品本身是不够的——百货商场必须把自己与奢侈品的概念建立起联系，以便它们可以一定程度上拥有消费者所期望的声誉。免费入场则意味着奢侈品确实成了每个人都可以向往的一种体验（Corrigan，1997）。

百货商场经常被认为是对女性消费者具有特别含义的。波尔比（Bowlby，2000）认为，一部购物的历史主要就是一段女性的历史，比如，它显示了百货商场把女性无限的购物欲望自然化了，特别是当一个展示在百货商场的丰饶世界与女性的私人生活形成有利对比的时候。波尔比继而把百货商场的经验与被监禁的经验做了对比。购物者在一个封闭的、自我控制而且不可抗拒的环境里，是在心理上被囚禁着的。这个环境让中产阶级妇女“如果说不具有实质意义的话，也在想象中”把一个休闲与奢华的世界带回了家（Bowlby，2000：7）。这里的意思是，百货商场煽动女性消费者去认为她们属于这样一个奢华的环境。在这个光彩夺目的背景下，任何人都可以成为“一位尊贵的女士”。相关的阅读将会显示，百货商场就是一个献给女性的公共空间。女性被百货商场解放了，而男人在这里不如在外面的公共街道上更合适。克里根曾引用盖尔·里基（Gail Reekie，1992）的著作来表达他的观点，里基在书中指出，澳大利亚布里斯班的麦克沃特（Mc-Whirters）百货商场在20世纪30年代的开业，对女性空间的建构意义重大，特别是考虑到男女空间隔离这一情况的存在，女性是曾被指定要远离那类空间的。里基还接着指出，到20世纪90年代为止，同样的空间都不是明确地根据性别来区分的，有观点认为，性别化的意义已经模糊了（与已经失效相对而言），而且，身份问题如今越来越插科打诨并且缺乏标准。以下的说法当然并非假话，百货商场一直在试图通过把某种特定的体型理想化这样一种特殊的方式来塑造女性的身体，并因此而制造出一种女性身体标准的模型，这实际上是对女性的身体的束缚而不是为它赋予了权力。在克里根看来，百货商场的发展一方面在快速的工业化进程中满足了分销问题的需要，另一方面，它也解决了或者说至少是在表面上解决了新兴中产阶级的身份问题。这个奢侈消费民主化的进程一直在快速地向前推进并且持续到购物中心的崛起。

“街头剧场”

在拱廊街、百货商场和购物中心之间存在一条明显的演进链条，并且它们都触及了消费者的“梦幻世界”。多维（1999）的观点是，把公共想象私有化的消费空间突出了某种含混性，这种含混性巩固了消费社会中个体与社会关系的基础。购物中心借着公共利益的光环提供了一种个体化的自由。多维接着讨论了百货商场的情形，它也给消费者提供了一个似乎是具有无尽可能性的世界，置身其间的体验显得比购买行为更加重要。事实上，这个消费过程在实际购买商品之前就已经开始了。因此，正是体验以及这种体验的组织方式构成了消费社会和它所安排的意识形态的一个核心部分。

在我们更详细地思考购物的经验维度之前，在目前的阶段，从那些购物中心设计者的角度来认真琢磨一下它兴起的背景将是有益的。有关购物对物质和精神环境的影响的任何讨论必定须要向维克多·格伦表达敬意，这位对所设想的新型的建筑形式最负责任的建筑设计师曾使美国的城市中心区再度焕发了活力。格伦的目标是要把区域性的购物中心变成一个地方共同体的有活力的轴心（Wall，2005）。对格伦而言，一个购物中心远不只是联络松散的商店为获得最大的利益而形成的一个集合，而是可能承担了作为共同体中心和文化活动场所的作用，在这里，购物环境受到了美和娱乐气息的感染（Satterthwaite，2002）。沃尔（Wall，2005）注意到，格伦有趣的地方在于，他试图把明显不相容的紧要事项联系在一起：购物中心的设计凭借的是它对一个更具普遍意义的城市主义和环境主义议题的承诺。格伦一生设计过包括 44 个购物中心在内的高达4 400万平方英尺的购物建筑（Wall，2005）。格伦被人记起常常是因为他作为购物中心设计的反面人物的身份，他对所谓的“格伦转移”负有责任，在这个过程中，一个进入购物中心的游客会被一系列适合自己的物品搞得晕头转向，以至于消费者都变成了爱挑剔的、盲从的，迷失在一种随意性的购买行为之中。格伦本人宁愿把这个过程描述为“街头剧场”的一部分，在这个意义上，他的工作可谓是本书所讨论的诸多消费空间的前驱。从这一观点来看，商场不只与销售有关，而且，它对于一种特殊环境气氛的创造也起着重要的作用。就其本人而言，格伦就是建造城市的（Wall，2005），因此他把购物中心视为城市中维持社交的主要手段。在他看来，区域性的购物中心既没有破坏城市，也不只是一架供消费之用的机器：相反，它提供了一个社会和文化的中心，并且确实是一个以前从未存在过的区域性的次中心。对格伦而言，区域性的购物中心是一个“再集中化的中介”（Wall，2005：58）。带着它的广泛的城市功能，购物中心振兴了作为一种潜在的快乐体验的购物活动。在描述洛杉矶的哈维公园计划时，格伦和他的搭档凯瞿姆（Ketchum）写道：

> 我们计划的目的就是要让中心的设施能给生活在广大周边地区的人们留下精神上深深的印记。中心对他们而言将不只是一个歇脚的地方——它将以具有文化丰富性和纾解功能的全部活动而与他们的精神发生联系：如剧院、户外音乐厅、展览厅。（Gruen and Ketchum，1948）

因此，1956 年的《时代》杂志把明尼苏达州的南谷购物中心(Southdale Mall)，第一个采用室温控制的购物中心，描述为一个“带有停车场的圆顶屋”：格伦设计的购物中心提供了一个“内向的建筑”，这些建筑外墙虽好，但对容量而言是次要的，因为街道被引入了建筑。就沃尔（2005）所关注的问题而言，这标志着令格伦如此陶醉的私营商店与公共街区之间界限的瓦解。如沃尔接下去所指出的那样，毫无疑问，区域型购物中心变成了一个培养和催生战后消费文化的容器。

购物中心因此被看成是“共同体”的起居室：一个建立在货物交换基础上的共同体。就此而言，消费空间为个体的自我表现、为戏剧性的无度表演所提供的机会，你可能会说，与这一空间的经济必要性相较，前者明显是次要的。

受控的空间

然而，在许多评论者看来，格伦的这种逐步壮大的共同体的说法具有一个凶险的维度，并且，从这样的角度来看，格伦所概括的那些动机可能被认为是产生了相反的效果。因此，稍微详细地回顾一下多维对这一争议的研究还是很有价值的。多维把购物中心描述为一个受到严格控制的空间，一种快乐消费的错觉在这里被忙碌地维持着。因此，这是一个理想化的共同体，在这里，贫穷是缺席的，在这里社会分化与古怪反常的现象也被抹去了。这个空间的缺席的性质被购物中心的设计进一步强化了，它的高度形式化的结构承担着统一的连锁店的责任，同时，它也常常与它的内部环境形成非常鲜明的对比。这是一个完全没有了罪恶、也没有了坏天气和汽车的空间。从社会意义上，同时也是从环境意义上说，这里就是，或者起码是有希望成为一个纯净的环境。在描述购物中心所表达的消费乌托邦理想时，克劳福德（Crawford，1992）叙述了建筑设计师操控空间和灯光去制造没有城市阴暗面的“城市幻象”的方式。摆脱了日常生活经验的束缚，只能由消费者来分享购物中心这个逃避现实的保护装置，这个装置正是由厌烦了它的城市所提供的（Dovey，1999）：购物成了戏剧，成了生活方式，这个世界被多维描述为一种“反向旅游”，在这里，世界被带到了我们面前，而我们的作用只在于消费。从性质上说，购物中心最终成了无法抗拒的商业性和公司性的实体，并且如萨特斯威特（Satterthwaite，2002）所谈到的那样，它因此也绝不可能成为真正意义上的真实的城市之地。这让我们想起一幕希腊文明的景象，它被描绘在位于拉斯维加斯商业街的凯撒宫宾馆购物中心那异常生动、清新、具有动感的喷泉之上，画面上是一群为了观看想象中的火与水的世界的那一刻而集结起来的人群，在拉斯维加斯的这条街道上，消费者可以陶醉在令人迷惑的超级空间中，以至于让购物中心用一种"地方感"去取消"一种历史感"。在许多购物中心那里，历史主题都是一个通用的参照点，因为，它在为被它抄袭的那个实际上已丧失了历史真实性的世界提供了一种背景意识，如果你愿意的话，也可说成是一种历史合法性。

正是购物中心的无所不在以及我们对它在日常风景中地位的心照不宣的接受，使得它对我们的日常生活尤显重要。正如梁思聪（2001a：129）指出的那样，购物已成为市场经济掌控城市空间、城市与生活的中介："它显示了市场经济塑造我们的环境并最终塑造我们自己的物质发展成果"。这样一种影响可以从数量上获得证明。例如，17%的美国劳动力受雇于零售业，而商场的数量则超出基督教堂、犹太教堂和各类寺院数量的3.6倍，而在英国，这个数字更是达到了8.7倍（Sze Tsung Leong，2001a：129）。更有意思的事实是，购物本身已成为一种调节市场变化需求的社会变化的晴雨表，"最终，对于我们来说已经别无可为，只有购物。"（Sze Tsung Leong，2001a：130）麦克莫罗（McMorrough，2001）因此把购物中心描述成一个"城市资格的先决条件"。并非购物发生在城市之内，而是城市发生在购物之内。

购物中心提供了一个节日气氛，但这是一个没有了人类缺陷的节日氛围；购物提供了民主，却又在它的地盘设定了排斥的规则。所以，多维（1999）谈到了遭到购物中心禁止的各类行为：诸如在地面上落座以及散发有政治性内容的传单等。与此相适应的，购物中心因此可能会被描述成哈贝马斯（Habermas，1989）所说的"被扭曲的对话环境"，在这里，自由对话（以及更具普遍意义的真正自由）已成为泡影。"在它的能指发生变异的时候，购物中心就成了社会和谐、富足和无阶级化的纯粹共同体的乌托邦欲望的具体体现"（Dovey，1999：

133）。为了提供一个没有政治干扰的公共舞台，购物中心利用这种公共空间的幻觉（如果说它是虚幻的话——这是一个我在下文还要讨论的问题）。隐含在购物中心之中的无忧无虑的逃避主义本身就是对自由的暗示——它免费的温控环境给消费者提供了一道可以在其中躲避的安全保护（Moss，2007）。正像其他的作者（Featherstone，1991）曾经做出的评论那样，其最终的结果就是一种可以“无所顾忌地开心花销”的对地点与时间的幻想（Dovey，1999：133）。

购物中心的公共职能

购物中心的公共职能得到了以下的事实进一步证明，这就是它至少试图承担许多在我们看来是具有公共性的职能：它合并了医疗设施、邮局、博物馆以及其他类似场所的功能。但是，购物中心实际的公共价值却是一个可以讨论的问题。因此，萨特斯威特（2001）谈到了20世纪50年代美国城市中心区的发展情况，当中产阶级开始离开城市的时候，城市越是商场林立，他们就越是去开发城郊的中产阶级市场。于是，市中心渐渐地变得越来越以远离地方性的巨型公司的交汇地为特色了，它因此而创造了一种更加非个人化的购物经验。就萨特斯威特涉及的问题而言，地方性购物形式曾经带来的那种公共“协同作用”尚未得到恢复，并且也可能永远不会恢复。然而，从这一观点看，零售业与我们城市的社交功能是携手并行的。要说零售业已经不再提供那种在今天合并了的零售业文化中我们依然需要的公共社交功能，这可能不是事实。除了这一点之外，更重要的是，我们仍旧希望它能继续发挥这些功能，也许这样的想法并不明智。零售业对我们的城市声称要提供一种共同体的感受，它以彼此信任和在社会交换网络中的互动为基础，这是一种亲近感和归属感，但它这样做的方式是，这种归属感不是由我们消费者来界定的，而是由消费的过程来界定的。因此，萨特斯威特所要强调的是，在一个实质上是自相矛盾的世界里，在围绕着消费的公共相互依存性与自我决断的欲求之间存在着激烈的角逐，从技术的角度上说，这是一个相互交流、彼此联系比以前任何时候都更加容易和便捷的世界，而与此同时，我们却被孤立起来，并前所未有地从公共生活中撤离出来了。

在萨特斯威特看来，购物中心并没有成功地成为新城或者是新的市中心，主要是因为这样的空间在本质上是私人性的，而且它也并不承认体现真正的共同体功能的价值。实际上，购物的娱乐化过程已经剥夺了它的公共职能，并且被另外的某种东西所替代，它有共同体的承诺却又没有兑现的可能。萨特斯威特因此呼唤对一种地方赋权的意义的强烈关注，于是，撇开了对同质化过程的明显恐惧："……有能力的零售业从业者意识到，挑战在于如何使用新技术去增加购物机会；如何去维持面对面的零售；如何去增加对地方性商场的拥有权；以及如何去激励可靠的信誉"（Satterthwaite，2001：340）。购物主要是一项的公共性的活动，一个把私人欲望带向公共领域的活动。但是，正如多维所提示的那样，这里的关键问题在于，它在公共性和私人性之间制造了一条模糊不清的分界线，无论购物中心怎样声称它是公共性的，它也只能在它从中而来的那个私人性的限制之内才是公共性的。购物中心提供了一个共同体场所的形象，但它在实际上是按照一系列私人规则运行的私有空间（Satterthwaite，2001）。对于这一点，多维引用了戈特迪纳（1995：89）的观点，他认为购物中心是"以社会交流为借口的工具理性……城市的周边环境被私人控制的空间的盈利动机所利用"。

在上述背景下，高斯（Goss，1993）把购物中心描述为一个被设计用来制造幻觉的虚伪的地方，这里进行的不是购物，而是别的什么东西，它维持着资本主义地位的现状，一种从购物行为中异想天开的分离，这种购物行为确保了该行为的正统性。从这一观点看，我们可以把购物中心理解为更广大的社会状况的一个征候，"在这里，消费主宰了生产，象征颠倒了物质秩序，并且，幻觉与真实的区别已成为问题或者说是已经完全消失”（Goss，1993：21）。因此，高斯对德波（Debord，1995）的“景观社会”的观念以及个体在结构化世界中存身的境况进行了思考，这是一个间接存在的世界，是一个最好地显示了再现现实的世界。这样的空间本质上是“反共同体的”，因为，它们被策划的性质决定了主动地对抗失序的可能性，与此同时，它又明显造成了无限可能性的幻觉。如此一来，购物中心就是一个被设计出来的支配性空间，它自觉地保持与自发的社会空间的相似性（Goss，1993：30）。在对当代购物中心的性质进行阐释的时候，高斯因此而认为，我们在这里所拥有的一切只是一个乌托邦，一个被理想化了的无名之地。在这一背景之下，波伊诺（Poynor，2005）描述了英国格林海斯（Greenhithe）的蓝湖购物中心（Bluewater Mall）以及它的建筑设计师的情况，这位设计师设想的是一座城市，而不只是一个零售业的目标。但是，波伊诺宣称他更关注的问题是，从某些方面看，购物中心是尊贵的和傲慢的，尤其是它努力使用虚伪的文化背景去把购物中心打扮成比它的实际情况更丰厚的东西。然而，有意思的是，尽管波伊诺转而期望去蔑视蓝湖购物中心，但他最后实际上还是很欣赏这种经验的。他的观点是，在理论上批驳购物中心是容易的，但要在实践上这样做就不那么容易了。

> 难怪我们爱上了蓝湖购物中心。它安全、洁净，像一幅乌托邦式的欢乐谷美景——或者在某种意义上说，它简直称得上是一幅乌托邦美景，让你自己受到它诱惑，就是要去与政客的无阶级论辩共谋，去忘却社会正义的理想，去假装以为原有的有产阶级和无产阶级之间的阶级矛盾在英国已不复存在，并且已经被从现场上清除掉了，把社会上的那些最贫困的人丢到我们不再愿意到访的市中心。（Poynor，2005：98）

图 6.1　公共与私人：利物浦 Met Quarter 商场。（Photo Andy Miah）

再挪用的空间？

上述论争可能把我们引向这样的假定，即购物中心，或者如各类作者所描述的那样，所谓消费的殿堂，是一个地狱般的竞技场，在这里，毫无疑心的消费者被骗入了产品购买过程，认同根本不能解决任何问题的解决方案。一位作者甚至认为，宗教现象和宗教历史实际上为我们理解购物中心的“意义和磁力”提供了更具启示意义的途径（Zepp，1997）。教会、学校与家庭不可能提供我们所需要的那种人文满足，而在这种情况下，购物中心提供了满足人的基本需要的可供选择的方式。不管我们是否接受这一建议，购物中心表明了当代消费文化所固有的各种复杂性，这一事实当然是清楚的，一种更加僵化的马克思主义城市研究确实不能适应这种语境。不妨考虑一下南希·贝克斯（Nancy Backes，1997）对于购物中心作为一个被编码的城市文本的讨论。贝克斯认为，批评家谴责购物中心已经成了一个受骗者的避难所，这并不令人吃惊，但是，她也在追问，这样一种明显的被动经验为什么会被人这样反复和经常地去追寻。因此，她的论点是，购物中心实际上表达了真正的需要和欲望：“购物中心，就它们设计过程中的全部考虑而言，就消费和盈利的全部目标而言，实际上是被进入了抵制状态的光顾者再挪用了，并且生成了与这个空间的意图和目的完全不同的实践。简而言之，光顾者挪用了这个空间去满足他们自己在当代生活中的目的”（Nancy Backes，1997：5）。从这一观点来看，购物中心变换的风景提供了一个逃避无聊和寻找意义的机会。如佐京（2005）所揭示的那样，购物不只是与维持自身生存有关，它也可以说是一个公共领域，消费者在这里努力创造一个客观的价值理想，只要我们相信这个购物区域容许我们保持创造力与控制力的平衡，它就能够有更出色的表现。在引证哈贝马斯的有关论述时，佐京表示，大众消费在存在于公民社会和国家之间的公共领域之外构建了另一个可以选择的空间。在购物的形式中，它提供了一个介于自我与公民社会之间的空间。

> 既非自由，也非完全的民主，购物的公共领域是一个有待讨论和争辩的空间。这是一个操纵和控制的空间，但也是一个有自行决定自由和实现满足的空间。事实上，这是一个含混的、或是一个异位的空间，我们在这里努力地让平等原则与等级制相结合，

让快乐与理性相结合，去创造一种我们珍视的经验。购物可能反过来也显示出，它主动地把巩固了市场经济基础的剥削手段隐藏起来，于是，购物给了我们一个商品的世界，它恢复了，而不是偷走了我们的心灵。(Zukin，2005：265)

在上述的背景之下，贝克斯（1997）指出，购物中心尤其是给女性带来了一种边界的缺失，这个缺失使得公共性与私人性的关系能够得到调节。这也反映了一个更广泛的发展过程，在这个过程中，购物中心提供了一个可能的世界。在贝克斯看来，购物中心提供的是一个只能回应它自身存在的可能的空间，所以，光顾者能够发明他们自己的现实、历史和文化。购物中心因此允许个体为自己松绑。它提供了一种经验的丰富性，一种“随控制而改变的屈从”（Backes，1997：13）。

另一种观点则可能认为，购物中心代表了后现代世界临时被替代的本质：这是一个失序的并有无穷可能性的世界。这里的观点是，购物中心是一个战略性空间，但又是一个被制度性权力严密控制的空间。它的公共职能也因此而被高斯（1993）认为是一种借口。它提供了一个交流的地方，不过只是在零售业资本主义限定的条件之内。它为当代社会的复杂困境提供了解决方案，不过只是在这样一个框架之内，对于这种困境解决方案本质上说只能是象征性的。换句话说，购物中心“是一个空间的再现形式；那是一种概念化的空间，是经科学规划、并通过严格的技术控制而实现的，它假装成为一个被它的居民想象性地创造出来的空间”(Goss，1993：40)。这种作假被允许视为成功，因为它可以被认为是“正常的”状况。这与消费社会非常相像，它本身保持不可挑战的优势，因为它似乎是唯一真正可行的选项，购物中心展现了一个具体化的过程，在这个过程中，表象变成了一切，并且，这个交换过程背后的社会关系也因此而明显是戴着假面的。由此，高斯以一种非常有趣的思路推断：人们普遍认为购物中心或许真的是太成功了。它们可能是被它们的设计者设计成了一种公共场所的现实体验，但是，消费者顺着这个台阶更上一层楼，并且把购物中心当成了一种真正的真实来拥抱（Goss，1993：43)。在某种意义上说，正是这种经验真实支持了本书背后的基本思路：消费者怎样与一个世界协商。它表明已经得到了一部分消费者的认可，但你至少也会想象得到，它不可能在更加日常的水平实现。

巩固了购物中心基础的逃避主义原则对于城市本身的性质具有深刻的含义。尽管许多购物中心自然会对地方经济有所贡献，因为它们为当地人提供了（虽然大部分是低薪的）就业机会，也有一些像圣地亚哥的霍顿广场（Horton Plaza）那样的非常成功的、与消费者的关系特别友好的购物中心，它们对其邻近地区并无实质性的影响（Crawford，1992)。因此，购物中心可以说是提供了各种东西，但很少是不具有维持现状的作用："购物中心的世界——尊重无边界的，甚至也不再受到消费的律令限制——已经成为生活的世界。"（Crawford，1992：30）这些评论需要根据某种意义上说是狭隘地把购物中心作为"乌托邦经验"的观点来加以思考。考虑一下米坤达（Mikunda，2004）对蓝湖购物中心的评价："风格细腻的过道、中庭以及融入了具有设计经验的无限吸引力的大厅边角。每一个人都想体验一下这种吸引力，这就是为什么成千上万的购买人群要去感受'蓝湖体验'的原因。"（Crawford，1992：141）米坤达谈到了消费者被蓝湖购物中心所呈现的世界震惊的情形，在他的眼中，蓝湖购物中心本身就是一个建筑设计师充分展示了自身艺术的完美设计，与此同时，消费者可以用它来抚慰自己的心灵。

也许这里的问题就是，购物中心具有这么大的魅力只是因为人们没有别的地方可去（Moss，2007)，或者至少可以说在一个消费社会里人们的感觉是这样的。购物中心提供了一个舒适的、并且同时也令人兴奋的环境，在这里可以找得到最新款的衬衣，而且它还满足了消费者对自尊的要求。理解购物的过程可以让我们了解到消费社会的运行以及个体在这个环境内被迫购物情形的大量可怕内容。消费资本主义在这种关系中无疑是具有支配性的一方，但是，如麦克莫罗（2001：202）提示的那样，支配地位并不意味着完全的控制，“把购物给城市带来的后果完全归于晚期资本主义机制显然是把问题过分简单化了，因为它从方程式中抹掉了能动作用及其应有的责任”。

在这个问题上，回顾一下早期对百货商场历史的讨论将会得到一些启示。黑泽灵顿（Hetherington，2007b）对一种以生产为导向的观点提出了挑战，这种观点把19世纪的百货商场视为商品拜物教和制造幻觉效应的地方，消费者的意识在其中受到了人为的操控。实际上，展示在百货公司的奢侈品的真正市场主要是由上层阶级来维持的，甚至可以说，是百货商场把奢侈的观念兜售给了它们的那些延伸的客户（Hetherington，2007b）。奢侈品的民主化过程是与被用于保存一种特定的放纵氛围的铺张的舞台装置的制造相关的。但是，这样一种氛围不必被理解为一种景观，这是一个旨在制造欲望而非满足需求的由商品驱动的“梦幻世界”（Hetherington，2007a）。因此，此处的观点是，我们无须把那些不能逃出消费社会铺设在他们面前的拜物教幻影的消费者当成文化受骗者来对待，事实上，我们应该更多地强调这种空间经验的更为含混的性质。对于一个人来说，在百货商场购物永远不只是买东西而已。黑泽灵顿承认，拉帕波特（Rappaport，2000）的观点是正确的，他认为百货商场的早期历史主要是提供了一个空间，让妇女可以创造属于自己的游乐活动。百货商场提供的这个空间使得一种独特的女性视角能够得到发展：这是一种通过消费的透镜反映出来的充满渴望的、主观化的看待现代世界以及女性自身的真实自我方式。在展开这一观点的时候，黑泽灵顿偏离了一种把自我本质化的视角，转而关注作为向商品世界的扩展行为建构而成的自我问题。

> 在第一种情况下，商品拜物教制造了一个虚幻世界（社会空间），它掩盖了真相，并且把幻觉当成了真实。在第二种情况下，

> 恋物助长了对只能存在于想象界的文化实在的渗入。然而，那个领域不是一个虚幻的领域，它是这样的一个领域，它使得那些在第一种模式中似乎已被异化了的对象可以被接近，并且向人们如实呈现出来——虽然只能是间接的。但是，它并不是具有后现代消费观点特征的个体欲望和自我表现的填充物，不如说它是有重大意义的社会关系的填充物。（Hetherington，2007b：128－9）

黑泽灵顿因此试图提出一个正面的拜物教模型。这个模型把消费者看成是百货商场所展示的人造环境的拥有者，而不是被它们所占有的对象。就此而言，一个个案研究将会有助于我们看清楚个体要成为自身的零售经验的创造者，到底还有多少路要走，我们要研究的个案便是洛杉矶的环球街市步道（Universal City Walk），它也许是零售业经验中最复杂微妙的案例之一。

洛杉矶的环球街市步道

如奈尔森（Nelson，1998）所指出的那样，购物中心在如今已如此盛行，我们几乎已不可能再对它们做出什么思考。它们已经变成了事物秩序的一个自然部分。诸如索尔金（Sorkin，1992a）等众多作者已经把城市看作某种不真实的主题公园，在这一背景下，苏珊·戴维斯（Susan Davis，1999）指出，城市的重塑者越来越多也越来越在真正意义上成了主题公园的建造者，沃尔特·迪士尼公司在第四十二号街的归零地（ground zero）开发中的主要作用就是一个贴切的例证。购物中心设计越来越精密，并且，为了能够长期存在下来，它们不得不提供一种体验，任何体验，以及从那种意义上说，对本真性的体验本身倒是变成了次要的。在戴维斯看来，这完全是一种以地理定位为基础的娱乐活动：特色鲜明的私人消费空间的建构，混合性的文化消费，建构一个令人惊叹的购物环境，个体可以通过它来建构自己的身份。

琼·杰德设计的美国洛杉矶环球街市步道是一个城市消费环境主题化的主要范例，并且是一个自称要向消费者提供超出平淡商品交易经验之外的更多东西的例证。因为这个原因，它是值得仔细思考的。实际上，环球街市步道是一条连接步道：连接环球影城主题公园和多屏幕复合影院这两个锚状建筑物（Reeve and Simmonds，2001）。这实质上就是一个户外购物中心，环球街市步道的设计是用来“传达建筑的混乱和不可预测性”的（Davis，1999：438），或者如琼·杰德本人所指出的那样，它要“推倒各种文化之间，娱乐与购物之间，快乐和盈利之间，观者与被观者之间的那堵墙”（Iritani，1996）。上述的这种“混乱”是由视觉超载的对洛杉矶“快照”式的明显“真实的”拼接重构而造成的。

如戴维斯指出的那样，不考虑建筑方面的奥妙与表层外观，类似环球街市步道这样的开发项目的主要困境，就在于要考虑如何在基本上已被标准化了的商业地点中创造出最好的地方感受。地方实际上是通过与达到“经验的统一性”极点的主题化的空间高度协作而被创造出来的。从这个意义上说，环球街市步道就是对洛杉矶本身的戏仿。它挪用了洛杉矶的形象、大众流行文化，并以它自己的方式建构了一种戏剧性的经验。在这个意义上，它是本章先前讨论的许多趋势的一种极端的表现。根据戴维斯的说法，这里正在进行的是人与产品之间关系管理的升级，我们活动于其中的物质世界被雕塑在市场的形象之中，这个市场崇尚“借助大公司的归属的魔法……在这些新的空间中，核心文化观念不只是由产品来体现，它们就是产品。公民瓦解于消费者之中，并且，忠诚成了一种扩张底线的技术”（Davis，1999：454）。

城市空间实际上本身就是被消费的产品，这是一个重要的观点。城市空间就是一种产品，它为消费者提供了一种大于个体消费者经验的公共经验。定位于环球影城总体计划这个更大的复杂环境之内，杰德国际建筑事物所对环球街市步道的官方描述是作为“一个小型无名建筑（不是洛杉矶的标志）的镶嵌部分，夸张、并被压缩进一个适于步行的建筑门廊之中”（Crawford et al.，1999）。城市步道的设计就是要提供一种“真正的”街道特质，它体现了各具个性的租户的设计要求：有质感、有生活气息并且富于变化。购物中心同时既模仿了它所落户的城市，也为它做出了重新的定义。在分析杰德对市区新风景的贡献时，克莱恩（Klein，1999）把杰德的空间看成是一个巴洛克式景观，它优先考虑了观光者的步行和消费空间本身的要求，但关键的是，它也充分考虑了团体顾客的需要。克莱恩甚至还参考了杰德的观点，声称城市的新的公共领域就是“消费共同体”这个公共领域。消费型城市令人迷惑的性质为我们的生活赋予了我们所渴望的秩序。从这一观点来看，消费者变成了自己幻想的影片中的一个中心人物，或者用另一种说法来说，成了个人白日梦中的一个核心人物。在克莱恩看来：

> 被策划的空间是一种预定的形式，消费者在其中“演出”的是自由意志的幻觉。每一个观光者都受制于不同故事的要求，并且它存在于城市步道所投下的魅力的普遍性之中。它实际上是一部电影的背景，消费者被邀请上来，在一种熟悉的或不熟悉的环境里充当了一个活跃的演员，整个世界在这里就是一个舞台。克莱恩提到，城市步道开放的第一年就有八百万人前来参观。所有这些再加上消费共同体的“城市明暗对照法”，它是应该被省略部分的浓缩的叙事替代品。它是为这样一个世界设计出来的经验：观众宁愿在电影故事中吃饭，而不愿去参加首映式。（Klein，1999：121）

根据克莱恩的说法，这种现象反映了 20 世纪 90 年代末期一个更广泛的进程，作为电影场景的城市在这个过程中变成城市规划的一个新范式。在这种环境下，克莱恩最生动的想法也许是，再过几十年之后，我们将会发现粗笨的工业化城市留下的痕迹已经很少了，除了那些被忽略的地带。如果一条街道尚未被作为消费共同体而重新设计，它就不可能支撑下来，并且会渐渐消失或者被忽略（Klein，1999：121）。在一个经济不景气的时期，这一说法尤其切中了要害，此时，零售中心充当了经济下滑的晴雨表，大批关闭了的商场门面都是对受市场驱动的经济不确定性的生动警示。

如果你从一个建筑学的观点来思考杰德的作品，就会有趣地发现，他曾被认为是两种建筑弃儿的设计师，即购物中心和主题公园，在这个意义上说，他已经被逐出了主流建筑之外（Bergen，1998）。因此，他在某种意义上代表了一种建筑文化，他的建筑视野具有一种更宽泛的特质——并且是一种比职业规范所信守的观念更明显地受到市场内在限定的建筑视野。但是，如果像伯根（Bergen）暗示的那样，你从杰德的观点来看这种关系，他会争辩说，他是在执行建筑的使命，从更普遍的意义上说，建筑设计师不会对地方性建筑感兴趣，相反，他们更会对那些用于“公共”体验的某个目标发生兴趣。当你想到消费空间受批评最多的方面正是它们假定的“无地方性”时，这个观点并非没有反讽意味。事实上，杰德把购物中心当成了唯一为公共创造活动保留下来的地点。在这样的空间越来越稀少的一个社会里，他正在为消费者献出一个公共空间。但同样有趣的是，正如伯根接下来指出的那样，并不是公共社群本身使得杰德的计划获得了这样的成功，而是它们所展示的纯粹十足的快感带来了这样的成功。这种快感是一种精心策划的结果，它企图制造出一种高度同质化的多样性主题：它旨在营造一种氛围，让人感觉到它是在持续变化的，并且可以被个体的私人经验有效地更新（Klingman，2007）。这当然是对把空间的商品化作为一种社会控制手段的现象提出的问题。伯根（1998）在他对杰德计划的讨论中进一步展开了这个问题：

港口城市博多（Hakata）的情况告诉我们，如果我们不能取消商品，我们可以用它比喻，我们可以把它放在公共社群旁边，让它戴的面具成为一种偶像，并且借助这种“相邻的魅力”，支持

> 快感与需求这两者成为彼此相互渗透的矢量。这正是当下应该研究和讨论的此类建筑的双关语所具有的颠覆性的潜能。（Bergen，1998：32）

杰德设计的环球街市步道是一个消费空间，它把消费作为快感来加以推进，并且通过这样做来迫使我们承认商品化城市的商定性质。我想通过重申我对以下问题的关注来结束本章的讨论，这个问题就是，没有对确定了人们与他们消费于其中的那个空间关系中的快感作用的理解，要想理解消费空间在建构我们的物理环境中的作用似乎是不可能的。这是一种冒险，因为，由20世纪90年代到21世纪初期的消费社会学活力所带来的契机已经丧失了，因此，那个界定了公民身份、也界定了通过消费而获得的归属感的社会的复杂性质，已经被上文中黑泽灵顿所勾勒的那种具有生产主义倾向的遗产所淹没。通过购物获得的快感不应该被当做某种文化欺诈的证据而取消。在购物的经验中，快感的意义在于它表明了存在于现代消费者生活中的快感的多样性。

结论

本章对购物中心进行了集中的讨论，它是消费者进入消费世界的一种基本的物质形式。当然，要说购物经验完全是定制的，可能是一种夸张。许多作者（例如，Bridge and Watson，2000）已经把非西方城市理解为，感官受到了猛烈冲击的想象之地。布里吉和沃特森（Bridge and Watson）把展现在伊斯坦布尔的香料市场和河内的街心市场的城市景观看作是幻想的景点。全世界的城市都提供了这样的空间，社会交往在其中是可能的，并且也确实产生了社交的活动。然而，这些空间确实只达到了初始的程度，它们所能够提供的越轨和抵抗机会也并不可靠。事实上，正是借助它们的存在，这些空间只能加剧组合性的消费空间支配城市结构的程度。消费社会为了它自己的目的把抵抗的可能性殖民化了。

对洛杉矶环球街市步道的讨论表明了消费空间的复杂性质，因为这些空间既在购物中心的层面，也在接下来的章节还将继续证实的更广泛的层面上，确实提供了自由。然而，问题仍旧是这些自由是如何被挪用和理解的。琼·杰德（1998）本人曾声称，体验类似环球街市步道这样的消费空间，其巨大的吸引力在于，人们在这样的环境里不会被强制保持沉默，也不会感到被动。他们实际上是在自我娱乐。换句话说，这类零售空间就是他们时代的剧场：它们提供了一种激动和一种逃避的形式，挑战了消费者在就个体与空间或地点的关系进行协商时能够如何主动的观点。可能引起争辩的是，即使这些情况都是真实的，一个消费者获得的环球街市步道的体验也与个体在绝大多数消费社会的更平淡无奇的零售业环境中的体验是非常不同的。有关零售业对我们城市的巨大影响，主要批评真正在于，购物已成为隐藏在日益同质化城市风景背后的主要驱动力。科尔曼（2004）认为，当代零售业与城市的开放选择关系密切，这一观点是很有争议的。而且，表现在购物中心方面的抵制程度，只能是一种必然被限制在它运行于其中的消费社会设定的界限之内的对抗的限度。把购物中心视为消费主义意识形态的物质表现，仍然不应该把我们引向意识形态就是一条单向街的结论。通过消费空间表现出来的当代文化生活的复杂性表明，为了得到消费社会也愿意作为回报兑现给他们一定程度的庇护，消费者是非常乐意放弃某些控制权的。

当社会学家继续强调购物作为一个舞台的意义，并认为购物表明的是在消费社会里要成为一个公民先天固有的主要困境和矛盾时，在这个时候，对于消费者的挑战就是，要去承认购物既是限制性的同时也打开了可能性的空间，并且前者受到了后者的保护，因此，它的存在也就不再具有意义。这是一个被谢尔德（Shields，1992）研讨过的问题，她把购物中心当做一个社会实验的地点。与此同时，朗曼（Langman，1992）引用了克劳克尔和库克（Kroker and Cook，1989）

的观点，他们则把购物中心看成是最出色的有控制欲的个人主义的场地。从一个政治的观点看，这可能让我们赞同佐京（1993）的观点：

> 购物中心……既是物质的也是象征的：它们为象征性的消费风景赋予了物质的形式。通过对个体选择中被集中化了的经济权力的掩盖，它们的幻象诱惑了男人和女人们去相信这种同质化的大众消费风景。（Zukin，1993：142）

然而，一个购物中心远不只是一个意识形态施暴的场所，在这里，消费者受制于经由消费界定的有限的选择世界。这当然只是部分的事实，但是，让社会学更感兴趣的是这样一个事实，即当个体能够对消费在他们生活中可能发挥的作用作出决定和判断的时候，人们非常愿意放弃隐含在对城市的浪漫想象中的某种自由，这种想象希望城市可以保持昔日的模样。为了享受快乐，他们还愿意在一定程度上放弃控制权，这些快乐经由消费并且被支配我们城市风景的消费空间为他们提供。我们在这里谈到的这种消费，本质上是视觉性的并且也重视视觉的方式，消费者在决定他们想见到和想体验的对象时至少发挥了某种主动的作用。从这个角度来看，这些空间不论是不真实的还是真实的，都已无关紧要了。要紧的问题是他们能否感受到了快乐。这些空间回应了消费者需要，也同时是在市场为它们确定的框架之内来这么做的。除了诸如杰德这样的建筑设计师声称他们正在帮助制造一种新形式的城市公共性之外，这些空间也确保了市场的力量对物质环境和建筑的主宰地位。杰德创造了一个格伦所梦想的娱乐世界，从这个意义上说，他的工作是对由格伦开始的一个发展的过程的推进。但是，“格伦转换”，至少从这样一个环境的某种形式上说，是一个不可避免的过程。

对环球街市步道和购物的体验，在更为普遍的意义上说是这样一种情况，那种生发于这些过程的幸福感受必然会使消费者感到眼花缭乱，但是，消费者在这一过程中并没有失去他们的批判本领。正如克灵曼（2007）指出的那样，“当所有的演出环境从定义上说都变为虚假的时候，在观众中引发的情感却是真实的”。这种情感恰恰位于本书的中心位置。消费者在令人愉快的消费空间的演化进程中必须更好地充当一个合作者。这远不是一种平等的关系，并且，在消费社会始终以各种微妙借口压抑其自我复兴冲动的情况下，它尚未成为另一个舞台。这是一个我在本书的其余部分还将再次讨论的问题，我也将继续讨论，在一个已名副其实地被消费空间所界定的城市结构中，一个消费者还能指望从中获得多大程度的真正自由。因此，在下一章中，我将转向景观的消费，特别是转向大型活动的影响问题，这类活动进一步加重了城市的情感投资性质，但是，它在做这类投资的时候，心中装的却是经济的命令。

第七章　轰动一时的大型活动

对于一个全球化的消费社会而言，大型活动已成为能够显示消费的象征性影响力的一个越来越重要的指标。本章要考察的情况是，对于大型活动的那种明显是被动性的消费，为什么能够俘获公众的想象力。此外，我还将考察举办大型活动这一过程对消费型城市的重新界定具有什么样的意义。撇开围绕大型活动所制定的城市战略的高风险性质，例如，许多活动已经被证明是对公共财政具有巨大压力的，但很多政策制定者仍旧把体育赛事看成是城市复兴的一种主要手段。这里关注的一个核心问题是，大型活动的消费者也就是城市的居民在多大程度上必然是被动的，也就是说他们只是充当了身不由己的意识形态过程的主体。那么，这是否意味着在建立于由国家及其计划执行者所构想的抽象空间概念之上的城市建设方案，与只能从外部观看大型活动的消费者的鲜活体验之间，存在着明显的裂隙呢？通过对大型活动在20世纪风景中作用的思考，我们应该能够从那些已经完全把自己绑定在商品化城市的桅杆之上的城市经验中学到一些东西。

界定大型活动

本书是建立在以下这个经过全面讨论的论断的基础之上的，这就是刺激消费需求的各种努力越来越强烈地刺激了城市空间的生产（因此也包括消费），这至少潜在地造成了日渐同质化和标准化的城市经验。这是一个戈萨姆（Gotham，2005）在讨论新奥尔良的狂欢节（Mardi Gras）时遭遇过的问题，他在讨论中主张，我们正生活在一个越来越被形象所充溢的社会之中。戈萨姆回应了列斐伏尔（Levebvre，2005）著作中的观点，认为城市已经不复存在，而是变成了一个盛大的文化消费的对象。大型活动可以说就是一种景观。此外，德波（1995：12～24）也把景观界定为"借助形象来沉思的人们之间的一种社会关系……景观就是资本积累到达一定的阶段，它变成了形象"。这种"非真实"的景观借助消费的主动地位确保了大众的异化，在这种意义上，"我们看到的世界就是一个商品的世界，以至于……社会空间持续不断地被商品岩层之后的岩层所覆盖"（Dedord，1995：29）。从这一观点来看，环绕着我们的那个娱乐与消费的世界是非常具有诱惑力的，消费者因此也可以说是被动的。在这种情况下，社会生活大概只与占有有关，而不是为了生存，围绕在我们周边的形象持续提醒我们应该怎样生活，唯一合法的生存方式只能是从消费开始。凯尔纳（Kellner，2003）因此指出，景观的文化已经被经济、政治、社会和日常生活的娱乐化所加剧。

在最基本的层面上，大型活动就是一种经过周密谋划而自愿举行的盛大活动，它以某种特定的样式去描画城市的形象，并且在使经济优势在全球化的舞台上得以最大化的同时，也在这一活动过程中培养了城市自豪感。但是，正如戈萨姆（2005）同样指出的那样，城市景观不能被单独做出分析，对于这一点，我也将在本章的稍后部分展开讨论。从性质上来说，它们是复杂的、多面相的实体，此外，它们还首先表明了当代城市生活所固有的复杂性和明显的矛盾性。在近几十年来的地方推销议题中，大型活动的出现是正在进行着的以城市的商品化为形式的广泛变革的征候。它尤其表明了热衷于重新确立政治身份和正在探索发展道路的国家和城市所承担的责任。在这一背景下，罗歇（Roche，2000：1）把大型活动界定为“大规模的文化（包括商业和体育）活动，这些活动有着一种戏剧化的性格、大众普及的魅力与国际性的意义”。在霍恩和曼森雷特（Horne and Manzenrei-ter，2006）看来，如果一场大型活动对主办城市产生了重要后果的话，它就会被认为是“大的”，特别是在媒体宣传方面。根据我在本书第二章所强调的那种后工业经济的状况，这类活动已经具有特别重要的战略意义。这反映了城市管理性质的某种变化以及日益增长的对城市作为一个景点的强调，它以吸引服务业和高科技企业、旅游业和休闲产业为目标。城市期望通过向潜在的投资者和顾客去生动展示自己的独特形象来实现这一目标，这在一些作者那里被称为“小恩小惠的政治”，为了用于招徕游客，金钱与政治资本在这里被恣意挥霍，这些花费明显是以牺牲当地人口和他们的被认为是理所当然的税收贡献为代价的（Eisenger，2000）。

因此，这些情况的出现已标示了一个非常具有象征意义的过程，大型活动在其中为确证城市的后工业未来发挥着决定性的作用，如罗歇（2000：7）所指出那样，“从空间的意义上说，虽然只有极为短暂的持续，但大型活动以无可比拟的效果确定了一个城市或国家的某个地方在国内、国际以及全球的媒体空间与旅游市场以及消费者眼中的地位”。但是，对本书的主题特别有帮助的还是罗歇接下来的观点，“在一个可以说正走向文化同质化的世界里，各个地方都是可以相互替代的，它们只是在空间和时间上制造了昙花一现的唯一性、差异和本地化。从社会学的角度看，它们提供了纵然短暂、却又是具体的象征性形式和分享的共同体”（Roche，2000：7）。因此，罗歇的观点就是，大型活动所提供的也许首先就是一个现代性的承诺，在一个各方面都被高度理性化了的世界里，它是瞬间的感召力。在罗歇看来，大型活动是与一种有着流动和模糊的社会特征联系在一起的，并且也因此而占据了一个居于结构和能动作用之间的调解者的位置。这类活动受到结构的严密控制，并且也在某种程度上建立于不可预知的、也常常是能动性行为的基础之上的，这些行为可用来改变结构的性质。

从一本论及“消费空间”的著作的角度来看，大型活动对于它们向我们宣传的那些加强了进步社会基础的意识形态原则是有好处的。于是，罗歇把大型活动界定为既有展览成分也有表演成分的现代文化活动。进一步说，大型活动既是全国性的，有时也超出了国家范围并且经常是国际性的活动，这样一来，它就发挥了一种对地方的重新定位的作用。它们在空间上也经常是高度地方化的，在这种情况下，它对城市的物质面貌有着潜在的重要影响。大型活动可以说是推进“旅游消费主义”的一个重要手段，并且在这样做的同时，它还会产生沟通全球消费文化的效果（Roche，2000）。它们的活动内容是通过消费机会，或至少是在消费的机会中“得以完善”的。为了说明消费与大型活动之间的关系，我现在即把注意力转向一类大型活动，它在几十年的时间里曾在城市的重新定位中发挥了独特的作用，这就是世界博览会。

世界博览会

罗歇（2000）正是在世界博览会的语境中发展了上述的观念，他把世博会看作是对消费文化兴起的 19 世纪起源的再现。作为城市所能制作的一个最好展台，也同时作为对城市后工业未来的一份声明，世界博览会自觉地向世界展现一种特别强大的消费驱动的世界观。在这个意义上，世界博览会可以被视为消费主义的一个主要的社会传播机制（最重要的是在电视出现之前）。世界博览会提供了一种特定的有关旅游的消费主义偏见，它认为旅游可能走向你的生活，而不是你走向旅游。在罗歇（2000：70）看来，世界博览会也“对分享一种世界范围的时代公共文化的流行趣味有所贡献”。因此，从多重意义上说，世界博览会为类似百货商场和博物馆这样的消费主义机构提供了一种实验的场地。有关这类活动的包容性问题曾有过相当大的争论。从一方的观点看，世界博览会在历史上至少包括了白人、男性、工人阶级，因为它们在新兴的福特式资本主义框架之内给予白人劳动阶层一定程度的文化公民权。如罗歇（2000）提示的那样，从另一方的观点看，这种有目的的包容恰恰是事与愿违，因为这种发展所隐含的结构积极地把女性束缚在私人领域之内，而且也受到了帝国关系的合法性的限制。在这个意义上，文化体制的开放与消费所隐含的自由，本质上是不完整的，尽管，可以肯定的是，有大量的消费者是被吸引到作为旅游消费和城市世界主义的表达方式的世博会中来的（Roche，2000）。这反映了世界博览会（美国称之为World Fairs）长期的历史发展过程，马蒂耶（Mattie，1998）称世博会是世界和平和贸易“手拉手前进”的理想版本（Roche，2000：8）。除了相关的高额投资（常常是损失的）之外，这种吸引了上千万游客的活动，通常也会有相当大的长期收益，比如，通过公共空间和住宅的设计等。马蒂耶因而指出，对于芝加哥（1893）、巴黎（1900）和蒙特利尔（1967）这三个城市来说，世纪博览会的举办对于推动它们建设地铁系统的决策制定过程起到了极其重要的作用。随着世界博览会的发展，它们已越来越不再受到贸易关系的制约了，却必然要受到它们的产业水平以及作为消费乌托邦的实际潜力的制约（Wood，2009）。考虑到这些博览会本来的目的是要鼓励所有的国家通过自由贸易和世界和平来达到彼此之间的和睦共处，它却成了对市场威力明确的证明，以至于这些价值不会再指望能被作为互补的理想来对待。

简单地考虑一下那些城市的更加明显的动机还是很有必要的，它们为在世博会上展示的世界交易提供了安身之地。我们可以通过对官方记录，特别是围绕1998年里斯本世博会公布的有关记录的细致分析来进行这项工作。在伴随世博会而兴建的官方建筑方案的前言中，宙斯·托利斯·卡姆波斯（Jose Torres Campos）感情丰富地谈到了世博会能够给城市带来的“深刻的”变化，一座塔霍河（Tagus）河畔的新型大都会“城市”将代替废弃的工业空间。在谈到里斯本变得独一无二的原因时，安东尼奥·麦加·费里拉（Antonio Mega Ferreira，1998）意味深长地指出，世博会既不是一种交易会，也不是一个开心乐园，而是这两者的合一。它实际上与“经验的交易”有关（Antonio Mega Ferreira，1998：10）。费里拉承认，随着时间的推移，世博会为了加强商业方面的贸易，出于许多美国人的信誉而提出的批评，已不再集中于对技术前沿的展示。从某种意义上说，这也就意味着对于未来的责任将被重新定位于更加密切地贴近所在地自身的未来，而不是被安置在那个地点上的物品所隐含的未来。这里所涉及的地点过去是，现在依然是，里斯本东部地区的再开发区。

> 选定东部地区作为1998年世博会会址这一决定，在形式和时间上，为这一广大地区面貌的可控的再转变创造了适当的条件，东部地区是一个已受到大型工业部门的再定位过程破坏的工业区，这片广大的地区已迅速地更加凋敝并受到了忽视，因其对城市以及河流环境的非常负面的影响……里斯本仿效的是巴塞罗那1992年奥运会的做法，巴塞罗那当时的决定也恰是如此，举行国际性活动不只是政治和旅游市场的传播机会，也是城区规划的最佳时机……里斯本正是把1998年的世博会当成了改变里斯本东部和重新开发河滨地区的一个手段和工具。（Soares，1998：24）

它的目的就在于，世博会将会提供改变的途径，使里斯本市向它的河流沿岸移动并且变得现代化和国际化。根据万国公园（Parque das Nações）公共区域计划所涉及的内容，这一意图也在试图反映当代生活的游牧性质的各种各样的空间中得到了证明。在卡里尔和德玛西尔

（Carriere and Demaziere，2002：76）看来，里斯本经验反映了一个影响深广的城市企业化过程和一种由公私合作关系带来的城市场景的变化。从这个角度说，1998年的世博会，以万国公园为集中体现，可以正当声称是近年来在南欧实施的最大的城市复兴计划，并且也是计划开发大西洋沿岸地区城市的一个诱因。事实上，1998年的世博会展现了一种创造新的城市中心区的努力，这是一个"理想的城市"，它更有效地把河滨的废弃地整合进里斯本的核心市区。也许这个地点最重要的旅游吸引力就是里斯本海洋水族馆（我本人可以为此作证。在独自参观这个景点的时候，包括我在内大约30位游客下了汽车，我的29位同伴一致走向水族馆，留下我像个孤独的幸存者向着主要景点的方向走去！）与此同时，瓦斯科·达·伽马（Vasco da Gama）购物中心增强了这个景点的城市感，而且还有商场、超市、电影院、宾馆和休闲活动。在思考这种创造补充性城市中心的努力所达到的效果时，必须承认这是一个有精选出来的2.5万名常住居民的城市中心，因为这个地方的居住条件瞄准的是一个特定收入的人群。卡里尔和德玛西尔（2002：76）指出，"人们可能认为，一个真正的市中心应该是城市每个人的市中心，而不应该是一个有高等用途和专为非常富裕的社会群体服务的'岛屿'"。而且，这个地点已经变成了里斯本的一个主要商务中心和一批跨国公司的所在地，同时还是一个年均吸引大约1 800万游客的景点。

当你想到这样的空间是被从管理的角度构想出来的时候，世博会作为一个消费空间的意识形态作用就能得到进一步的说明。因此，米坤达（2004）认为世博会应该是一个理想的"体验世界"或是"第三地"，因为它们提供了真实体验——简而言之，就是为成人讲故事——的难忘的目的地。尽管如此，米坤达（2004）接下来承认，某些世博会，尤其是2000年的汉诺威世博会，曾经努力处理与公共性的关系（汉诺威的个案，部分是因为它的主题的模糊性：'人—自然—技术'）。而且，这也就涉及世博会承受"不间断的过度刺激"的问题，尤其是考虑到以下事实，即许多这样的交易会都受到了当下展示在互联网上的技术革新和贸易研讨会的破坏，而这些技术尚未计入交易会。世博会的作用无疑是提供一个巨大的展示平台，城市在这里把将来的形象当成了自己本身的形象。事实上，世博会提供的是这样的一种途径，它把城市的未来绑在了市场的不可预测之上。

大型活动的经济学

因此，大型活动明显不仅是一个活动。在当今的后工业气候中，人们当然会期待这种活动的主办地能够提供一种持久的尤其是经济上的馈赠。对于大型活动的经济方面，格莱顿等人（Gratton et al.，2005）曾做过相当详细的讨论，他们特别关注体育在这个过程中的作用，并且在研究中确认，使用体育设备投资的大多数城市都是工业城市而不是主要的旅游目的地。因此，它们的主要目标就是要为经济的繁荣创造依赖城市象征性再现的新的基石。我在本书第三章曾提到，在对后现代性的讨论中，司各特·拉什曾经主张，没有现实这种东西，有的只是现实的"再现"。当你想到城市通过大型活动来寻求自我复兴的情形时，这种观点就尤为中肯。举办这种活动的决定常常出于一种跃进的信念，参与竞选的城市必须做好准备为组织一场活动去承受可能是重大的财务损失，而不是城市整体上感受到的那种不确定的经济效益。因此，有种说法认为，一个城市可以通过大型活动造成的额外的支出获得重大收益，并且，如果一切顺利的话，它还有助于把这个城市重新定义为一个旅游目的地城市（Gratton et al.，2005）。这样一来，大型活动就展现了一个罕见的市场机会。根据格莱顿和罗歇（1994）等人的说法，考虑到通常几乎没有多少证据表明这类活动的经济效益这一事实，可以说主办这种活动的决定主要是出于政治的需要。而且，人们担心这类活动的经济影响可能实质上是负面的，尤其是在涉及通常被期望计入收支平衡账单的当地人口的时候。

大型体育活动

体育运动已有一段反映和积极再现社会变革的悠久历史，大型体育活动更是如此。在这一背景下，希尔（Hill，2002）争辩说，体育运动也有一段漫长的商业历史，并且，那种以为体育运动是“属于人民”的愿望本质上很大程度是一个神话。把大型体育活动作为城市发展的主要关注重心这一现象的出现，与世界级体育赛事能够调动大量的电视观众有密切的关系。例如，马德里盖尔等人（Madrigal et al.，2005）已经注意到，在2002年的韩日世界杯赛中，213个国家为288亿电视观众制作了总共达41000小时的节目，考虑到数字和卫星电视频道的增长情况，这个数字只可能随着未来的锦标赛而继续增加。主办者明显被运动会可能给他们带来的积极联想以及这类运动会可能拥有的全球广大观众所吸引（Horne and Manzenreiter，2006）。

从本书的观点看，大型体育活动增长背后的关键因素已经显现了它们作为推销工具的作用，尽管如霍恩和曼森雷特（2006）以及我在上文指出的那样，对它们效益的预测几乎总是错误的。而且，围绕大型活动的决策过程通常是非民主化和缺乏透明度的，在此同时，关键的问题还在于他们倾向于“符合全球流动的需要而不是照顾地方共同体的利益”（Horne and Manzenreiter，2006：18）。从这个观点看，对于这个过程有重要意义的是，以全球消费者而不是以地方公众为关注重心预示着一个公共资金向私人利益的转移。大型体育活动的价值不仅仅在其表面的魅力。这类活动也通过特定的方式积极地把社会的不平等自然化了，比如，把不受欢迎者从主办地中删除，或者通过奖牌榜重新显示跨国权力关系。凯尔纳（2003）所描述的那种“体育景观”因此得以在体育、商业主义和媒体的“非神圣联盟”中横空出世并再现支配性的社会价值。从这个角度来说，最重要的是体育能够帮助个体去学习被认为是与一个竞争的、以追求成功为动力的社会相适应的价值观和行为模式。在凯尔纳（2003）看来，体育运动长期以来都是一个景观领域。在一个商品化的景观中，商品化的程度越高，这类价值表达得越丰盛，也就越会被确定地当做文化的正统观念来消费。正如凯尔纳指出的那样，“后工业时代的体育运动……把体育融入了媒体景观，破除了专业成就与商业化之间的界限，并且证实了在媒体与消费社会里生活的全面商品化”（Kellner，2003：66）。在一个消费社会不得不被复制的背景里，景观的挪用至为重要。这一过程，自然是在英国，也许在英国天空广播公司以 1.78 亿英镑购买 2010 年至 2013 年英超联赛转播权的协议中得到了极致的表现。考察一下附加赛的景观以及以下这个事实：确定晋级英超的那场附加赛被认为是全世界足球赛事中最昂贵的单场比赛。赫尔城足球俱乐部在 2008 年英超联赛附加赛终局的成功据说为俱乐部赚取了大约6 000万英镑。在英国过去的二十年间，足球的变化在联赛的影响以及以下的事实中可以得到进一步的证明，这个事实就是，足球俱乐部只要在那场比赛中获得成功就能赢得大约3 000万英镑。

然而，不考虑当代体育在财务上的影响力和它的商业基础，体育类的大型活动还让我们对经验消费在我们现有环境的建构中所发挥的作用有了更多了解。在希尔克和艾米斯（Silk and Amis，2006）看来，体育日益增加的高度商业化形象与城市和全球经济间的新型关系的出现是相互联系的，因为体育提供了一个通过制造有助于振兴废弃城区的“旅游分离区”（tourist bubbles）来回应制造业基础衰落的途径。希尔克和艾米斯引述了萨斯基亚·萨森（Saskia Sassen）著作中的观点，她关注的问题是，生产、商品和信息的全球流动何以成为积累逻辑的一个新的空间表达，希尔克和艾米斯（2006）认为，城市已不得不卷入一个经济重构的竞争过程，在这个过程中，它作为消费竞技场的职能似乎是至为重要的。希尔克和艾米斯还引用了贝朗格（Bélanger，2000）对城市空间景观化的讨论，城市的积极服务和便利设施的改进被当做一个有视觉吸引力的、私有化的公共文化的一部分，成为了重新定位的一个主要焦点（Zukin，1995）。在这一背景下，希尔克和艾米斯（2006：152）主张，城市空间成了两极化的多种叙事的容器，并且，这种极性分化使得专门设计的保护消费者免受其他未知者干扰的消费空间的封锁成为必要："这样一来，旅游分离区可以提供一个深奥玄妙的幻想世界，它掩盖了当代城市空间的结构不平等，也常常使两极化的劳动市场、极度的经济悬殊和极端的差异化住房和教育条件变得愈发明显"。对希尔克和艾米斯而言，当城市当局转向一种新的娱乐形式和旅游设施的时候，体育场馆就开始发挥了越来越重要的作用。除了经常涉及的巨额补贴之外，其目的还在于，在这个过程中，这些设施有可能吸引居民、商业以及刺激城市经济的旅游者。因此，在20世纪90年代早期，仅在美国每年就有超过两亿美元的花费用在体育设施和会议中心上（Eisenger，2000）。

在讨论体育在"旅游分离区"的制造过程中的作用时，希尔克和艾米斯研讨了在这一过程中的两个适切的例子：巴尔的摩和孟菲斯。场面的最大化在巴尔的摩的发展中发挥了一个关键的作用，它是晚期资本主义的城市复兴的典型，具体地说，就是推出了卡姆登园足球场（Camden Yards）的建设计划。随着原有的巴尔的摩金莺体育馆年久失修，一个新的复古风格设计的体育馆为巴尔的摩提供了一个极具特色的地标或者说是消费空间。新的体育馆坐落在巴尔的摩的"西部"区，紧邻M&T银行体育场（美国职业足球队巴尔的摩乌鸦队的主场）、竞技场剧院（Hippodrome Theatre）、中点零售综合区，以及一系列翻新了的公寓建筑和旅馆。此处关注的问题是，这样的一种开发计划利用了景观的掩饰让消费者看不到巴尔的摩不平等的实情。

> 在这个意义上，巴尔的摩在美学上的返老还童是一个假象——非常真实的情况反映在一些衰败的和废弃了的邻近地区，在这些地区，城市工人正在制造着一种入住新居的幻觉……掩盖了城市的深层结构问题。这种战略设计把城市形象看得比公民福

利的改善更重要，在这种情况下，城市与国家政府已经承担了大部分的金融风险，而私有行业却得到了利益。（Silk and Amis，2006：156）

希尔克和艾米斯也讨论了耗资2.3亿美元的孟菲斯市中心的再开发工程，它包括一个由28幢大楼组成的“体育与娱乐区”——一个安全和洁净的游玩之地，紧邻两幢簇新的运动场馆：汽车公园（Autozone Park），诞生于2000年的3A级球队孟菲斯红鸟队的主场，联邦快递球场（FedEx Forum），NBA的一支球队孟菲斯灰熊队（Memphis Grizzles）的主场（最初是在温哥华）。这种空间说明了体育作为旅游型娱乐项目在一个自觉的全球市场中的地位。在上述语境中，奥林匹克运动会也已明确充当了体育类大型活动的前驱，而且它在这个角色上也为体育活动与一种特定的意识形态意图的联姻起到了关键的作用，对此，我将在下一节中继续予以解说。

奥林匹克运动会

奥林匹克运动会和社会变革的意识形态基础之间的关系，在安-玛利亚·布罗德霍克斯的著作中也许得到了最好的阐释，她考察了北京的“制造与销售”。布罗德霍克斯指出，一个城市的形象可以经由两种主要步骤进行概念化：首先，是城市的物质形象，它如何在日常生活的基础上被制造、确立和体验，其次，是它的修辞形象，当它在集体意识中以及通过产生于那种集体意识的话语而被想象的时候所出现的城市观念和概念形象。换句话说，我们城市的形象可以既有视觉的性质，又有精神的特性。城市对许多不同的人来说，可以被用来意指许多不同的事物。形象是被主动建构、因此也是被主动改变的，正是因为这个原因，地方才成为一个敏感的问题（参见本书第三章）。

布罗德霍克斯关注的问题是，在奥运会的前提下，对城市的推销服务于一个强大的意识形态目的，尤其是因为它把城市以及城市的消费当成了权力自然化的焦点。中国的振兴，一个关键的步骤无疑是北京奥运会的举办，这表现在许多中国人身上是与改革的步调相关的，在这个基础上，中国政府能够着手把北京展示为一个现代的、具有企业精神的大都市，同时也建立了国民对中国的稳定和走向国际化繁荣道路的信任。

因此，在布罗德霍克斯看来，北京是这样的一个城市范例，它把城市空间的展布变成了一场战斗。近年来，中国人已变得越来越有爱国精神了。如布罗德霍克斯所指出的那样，这决不是偶然的。在这一背景下，北京奥运会让中国得以把一个进步的、秩序井然的而且是繁荣的形象展现给了世界各地。他们把城市作为一种能够建立这种意义的渠道来设法来达到这样的目的。首先，北京通过奥运会把自己展示为一个值得认可的消费景点，因此，它能够为中国正充满信心并且获得了现代世界的确认提供鲜明的证据。就此而言，布罗德霍克斯认为，大型活动充当了一个安抚大众的工具，它提供了一种在日常生活的挣扎中消遣娱乐的方式。曾亲临奥运会，这一个永久的印象确实已经成为无数隔着周围的保护围栏凝视奥运场地以及它的所有奇观的中国人所共有的体验。此处的关键问题在于奥运会对于某些消费者来说比对其他人是更容易接近的。

以上所说的投资费用是巨大的，但并非总是能立刻见到明显的效果。布罗德霍克斯考察过它的建筑计划和宏大的城市设计的巨额费用，这些项目的花费只有在忽略地方需要并加剧地方不平等的背景下才可以被理解。就此而言，值得关注的主要问题是奥运会的费用往往会被算到那些从奥运获益最少的人的头上。比如，在引证的相关数据中，北京市政府在交通和基础设施上的投入超过了 100 亿美元。布罗德霍克斯认为，没有确凿的证据表明地方人口真正从预期的它可能引发的经济繁荣中得到好处（相反，这一预期已在世界经济的下滑中丧失了根基）。在布罗德霍克斯看来，这样一个剧情中的胜利者总是那些通过运动、旅游和器材等领域涉足体育的跨国企业，而与此同时，地方则需要自己来处理增长的税收、上涨的租金等问题。

我在结束本章之前还将回到布罗德霍克斯的著作并进一步讨论有关中国与奥运会的关系问题，但在展开这一讨论之前，为了思考奥运会介入消费空间建设的更普遍的性质，稍微做一下回顾还是有价值的。就其表面的意义而言，奥运会号称是世界上最著名的以全球周期性活动形式对人类努力所达到的最高境界的展现。托姆林森（Tomlinson，2004）在他对奥运会的迪士尼化过程的讨论中对此做出了某种带有怀疑论色彩的解释。在托姆林森看来，这一过程可以回溯到洛杉矶成为1984年奥运会举办城市的时候，它作为唯一可信赖的候选城市，是可以根据其自身的条件与奥运会谈条件的，通过讨价还价来重新设定以赞助协议和市场营销为基础的奥运会模式。迪士尼化，我在第八章还要对这个概念做出更详细的处理，它是指与沃尔特·迪士尼商业帝国相关的特征已经逐渐主宰文化生产和消费主要方面的这一过程。托姆林森在悉尼奥运会的背景下讨论了迪士尼化的过程，他认为，这场奥运会涉及历史净化的问题，在这一过程中，它唤起了一种澳大利亚式的文化多元主义立场，并顺势掩盖了澳大利亚种族主义的不公正和不平等现象。托姆林森（2004：161）描画了奥运会的美国化趋势，特别是它的经济基础设施以及它与公司赞助之间的关系："……1984年以来，特别是跨越20世纪80年代后期和90年代初期，随着冷战的结束，奥林匹克运动会已经非常认同一种全球性的消费文化，就像认同一切有关国际合作与世界和平的高尚历史理想一样。"

奥运会潜在的效益是矛盾而复杂的，许多城市已经为后奥运遗产付出了惨重的代价。在这方面最常被引用的成功案例无疑是巴塞罗那。在许多人看来，1992年奥运会的赢家是巴塞罗那市本身。奥运会在把巴塞罗那重新构想为欧洲的首要旅游城市的过程中发挥了作用，当然，部分是借助它的城市风景的变形（Degen，2004）。巴塞罗那习惯上被当做一个后工业复兴的例证，但根据迪根（Degen）的说法，它被人作为旅游中心来接受至少是与城市把旅游当做一个过程而不是一种产品这一看法有关。因此，迪根提到了奥运会在改变人们对巴塞罗那作为一个处在全球舞台上的城市的认识过程中所起到的关键作用。这个过程的主要方面之一便是奥运会给了地方的政客和规划者为公共事业进行较大投入的机会，包括把城市的河滨地区开发成为一个消费的空间。但是，这里的问题如前文所强调的那样，一种包容性的城市规划模式的开发在巴塞罗那被吸引私人投资的粗野欲望所代替（Degen，2004）。根据迪根的说法，这就造成了对城市的“出售”，以致城市的很多地区不得不被做出物质上的改变以使它们更有消费的价值。这个问题曾被迈尔斯等人（2004）更详细地讨论过，正如我在第八章中进一步展开的讨论那样，他们考察了这些开发活动在巴塞罗那的文化生产和消费的真实性方面所造成的影响。

从上述观点看，巴塞罗那的复兴好像应该差不多全部归因于地方的商品化过程以及对一种独特的地中海生活方式的场景再现。因此，迪根从2002年的《休闲时间》（Time Out）杂志的巴塞罗那旅游指南中引述了一段显著的文字：“随着新巴塞罗那一砖一瓦的创造，一个受到赞助的城市出现了，它把巴塞罗那提升为一个概念，一道由建筑、想象、传统、风格、夜生活和原色调构成的诱人的开胃食品”。巴塞罗那的旅游经验一方面主要是与一个象征性消费（比如Gaodi建筑）过程有关，另一方面又与经验的体现方式有关：它把旅游当成了文化实践。于是，迪根考察了巴塞罗那与其业已被改变了模样的滨海地区关系的具体范围，最显著的Maremagnum购物中心周围的地区，在20世纪80年代至90年代期间，它从一个实用的港口变成了一个消遣娱乐中心。这个地区开始以一个能让消费者游弋于时尚的酒吧和酒店的销金之地的面貌出现，然而，随着时间的流逝，这个地区的光泽已经褪去，特别是对本地区而言，它已显露出这类开发活动的一个关键问题：这就是保持当地顾客和旅游顾客之间的平衡的难题（Degen，2004）。巴塞罗那利用奥运会把自己放到了全球化的明星舞台之上，但是，这却分明是一个让它的本地支持者很容易被疏离的地方。

这里有必要对这一问题做一些稍微深入的思考（Broudehoux，2007）。在考虑到高达 400 亿美元（比 1984 年以来所有夏季奥运会的总和还多）的投资时，布罗德霍克斯讨论了 2008 年奥运会大型建设规划的作用。因为处在这样一个时期并且能够充分利用劳动成本低的优势，北京成了一个建造标志性建筑的热点。作为中国走向现代世界的努力的一部分，北京城的面貌在这一建设过程中被基本改变。但是，如布罗德霍克斯已经注意到的那样，中国进入希望之乡的这种速度本质上必然造成两极分化，对许多北京居民而言，这样的发展可能增加日常生活中已实际存在的社会不公。

> 从最挑剔的立场来看，这个新的有些混乱的北京是一个竞争性的和机会主义的城市。……这个新的大都市反映了建设它并居住它的社会的情状：这是一个日益个人主义化的社会……（Broudehoux，2007：101）

就像我在本章的前面部分所提示的那样，这些问题也同样与意识形态的关注点有密切的联系，尤其是像中国的国家抱负所表明的那样。在任（Ren，2008）看来，鸟巢的建设，就像它被当地人亲切地称呼的那样，以及对奥运会的大方的出价，都不仅是城市经济战略的一个关键组成部分，而是具有展现中国走向全球舞台的深远的意识形态意义的。事实上，全球化的建筑已经成为一种国家表达的形式。这种国家表达是建立在公司赞助者需要去商定一种进入快速发展的中国市场的途径的基础之上的，这也就使得奥林匹克运动暴露在那些谴责其把公司赞助者的目标放在至高位置的批评言论之下（Close et al.，2007）。与此同时，如果不把运动成绩考虑在内的话，奥运会场馆在建筑上的影响力本身也制造了一种独一无二的体验。通过提供一种作为运动经验之补充的建筑方面的体验，连同一种参与全球性活动的感受，奥运会几乎成了一种举世无双的体验，某种类似于我本人在观看尤塞恩·博尔特（Usain Bolt）打破百米世界纪录时的体验。我当时的直接感受是我正在观看媒体节目而不是活生生的事件：这是一个不能被消费的体验，但它却被这样的事实所界定，即它是可以被消费的，而且还将是全世界的消费对象。

当然，只剩下有限的时间去谈论 2008 年北京奥运会的影响问题，但如德里斯尔（de Lisle，2009）指出的那样，有一件事情是确定的——至少在建筑方面，奥运会的背景是引人注目并且具有自觉的世界主义意识的。这反映了处于中国治国方略核心位置一个悠久的建筑传统，在这种情况下，大型公共空间提供了重塑国家形象的途径（Marvin，2008）。在讨论新兴的北京形象的时候，格莱科和桑特罗（Greco and Santoro，2008）认为，新的国家大剧院的设计竞争打开了奥运会之前国际竞标的闸门，这是一座标志性的、半圆顶的、向水门开敞的玻璃结构的建筑。这一过程也引发了有关这类标志性建筑是否适宜问题的论争，一种主要的批评认为，这一标志性建筑是一种精英的表达方式，在一个终究尚处于发展进程中的国家，它是一座没有意义的建筑。正如我在第五章所提示的那样，奥运会使北京可以在建筑上有所作为。国家游泳中心就是建筑作为消费权力的一个证明。它提供了对神奇的水下世界的感受，更为神奇的是，它在夜间就幻化成了一个金光闪闪的水族馆（Greco and Santoro，2008）。但是，像往常一样，对于这类建筑的批评主要指向它们的长期用途以及这样一个事实，这就是它的使用几乎不可避免地是带有争议性的。然而，对于所有这一切，也许最令人印象深刻、也让人感到吃惊的则是建设的速度之快，而且，这个速度还表明中国具有的技术实力，它能让一切事情发生。

北京在建筑方面的大规模的变化甚至比 20 世纪 90 年代上海的发展更为突出，奥运会就是其最主要的推动力。但是，这样的发展都需要一笔相当巨大的费用。变化中的中国城市的一个主要问题就是造成了对传统住宅其实也就是中国文化的某种程度的破坏。这个过程在北京的快速衰落的胡同（窄巷道）社区中得到了尤为生动的体现，这是一种由四合院模式构成的社区，一种特色鲜明的北京居住形式（Hom，2008）。奥运会对于把北京建造成一个消费空间是有益的，并且，它在这个过程中也成了一股清除城市历史的力量。中国从来不是一个对自己的过去太眷恋的国家，至少从建筑方面来说是如此的，现代开发活动在北京如雨后春笋般涌现，它们常常直接取代了胡同，这些都是证明了如下的事实，奥运会的举办给北京提供了历史上难得一见的复兴机会。从积极的方面看，这种再开发在北京的中心地带极大地改善了生存环境，尽管很容易把胡同浪漫化，但也得公平地说，在这个过程中首都城市历史结构的关键元素确实遭到了一些破坏。就此而言，北京可以说是一个特色日渐消失的城市，从某种意义上说，居住在这个城市的人也是如此。此处的关键问题是，那些由于城市的再开发而被重新安置在此地的人们，在向世界展现一个有活力的、前瞻性的城市的名义之下，已承受不起这样的一种搬迁，而且他们也没有相应的文化准备。从这一方面说，北京的城市发展正日益取决于一种利益的驱动，就其本质而言，这与传统的国家福利观正相对立。

正是在这样的背景之下，吴等作者（2006）认为，中国城市市场环境的建立导致了一个商品化的进程。在这个过程中，国家已经以市场代理人的角色出现，它对常常是难于控制的有关土地的论争采取有限的管控。从这个方面来说，中国的城市如今已首先被构想为企业化城市，它是把地方当做空间商品来买卖的。对于这个过程而言，非常棘手的问题在于，它几乎是对那个城市以及居住在那个城市的居住者的身份的一次重新调整。这个过程的最大失败者是外来务工人员。北京的飞速发展应归因于一支并不引人瞩目的外来劳动大军的工作，他们为了一点可能拿到也可能拿不到的报酬而工作在缺乏安全保障的环境里。冯（Fong，2008）估计，2004 年的北京建筑公司以 3 000 万美元左右的工资雇用了大约 75 万工人。如布罗德霍克斯（2007）所显示的那样，北京城的改造构成了一种新的市场驱动的空间逻辑，但这是一个必然具有排斥性的逻辑，尤其是排除了那些外来务工人员，而他们却是首先负责把重构的城市形象变成现实的群体。据官方数字，有400万外来务工人员居住在北京，但考虑到中国总共有1.2亿到1.4亿的外来务工人员，上述数字似乎是被低估了（Hom，2008）。

更广泛的经济上的担忧还包括，北京奥运会的费用就中期而言可能为其带来投资比例的非同寻常的剧烈下滑。也许，奥运会作为全球规模的象征性消费的最有力的证明在于以下事实：世界上的各类强权都尚未做好挑战它的记录的准备（法国总理萨科齐可能是个例外）。奥运会和北京的成功，因此也就把中国紧密地与这成功联系在一起了，或者用另外的说法是与全球经济联系在一起了，危及中国经济的成长，本质上也就危及世界经济合作。在比赛期间和稍后的时期，北京奥运会积极创造了一种洋溢着民族自豪感的氛围，这种自豪感作为中国推进中国繁荣的未来远景计划的一部分，一直受到了鼓励，在这种气氛之中，中国既是世界也是奥运会不容忽视的力量。支持这一梦想，也是爱国的一种表现。

对托姆林森（2004）而言，奥林匹克公园实质上就是主题公园，比如，悉尼的霍姆布什湾（Homebush Bay）的奥运会会址就是用极其先进的方式翻新的一个曾被毁坏了的空间。这类空间提供了一种把消费作为民主的幻觉，并在这一过程中掩盖了隐藏在它背后的真相。所以，作为大型活动原型的奥运会未来将会如何？戴彦（Dayan，2008）表示，奥运会不只是一个活动，它本身就是一个媒体，一张空白的写字板，利益相关的各方都可以在上面书写他们的信息。这一过程对奥运会的全球消费所具有的重要的含义远远超过了实际旅游者的消费。因此，戴彦还谈到了类似奥运会这样的活动在过去为何这么强大和有影响力，以至于把家庭都变成了一个公共空间，因为它把观众都邀集到了“观看共同体”之中。然而，新媒体，尤其是手机技术已再度引入了一个个体化的接受形式，它可能危及这样的一种可能性，这就是“一种在组织者、报道传播者和观众间一致认同的共谋关系：一种搁置

图 7.1　商品化的奥林匹克公园，2008 年，北京。(Photo Andy Miah)

怀疑、抑制嘲讽并进入一种‘假定的’文化模式的心照不宣的决定”(Dayan，2008：397)。在这样的背景之下，除了把奥运会塑造为一种景观的努力以外，对于那些附加在奥运会上的意义实际上是存在着很大争议的。最终，这种场面宏大的大型活动也许不过是一个类像(simulacrum)而已。换句话说，奥运会确实已不会像在过去那样令人着迷了。消费者，至少是某些消费者，已变得老谋深算，知道如何去找到一个更为满意的选项。利兹尔（Ritzer，2005）曾讨论过这个过程，他的著作我将在第八章中作为一个“去物质化”的过程详加研讨，在这个过程中，消费的形式实际上已变得更加瞬息万变，就如同我在上文中也已指出的那样。这些消费形式会主动接近我们，而无须我们去寻找它们：这一过程对于消费空间的复兴可能具有重要的含义。

北京奥运会的开幕式见证了景观的需求成功地强化集体记忆基础

的方式。假如世界各地的人们还记得2008年奥运会的某件事情的话，那么，这极有可能就是那个四小时的开幕式了，它确实曾令全世界交口称赞。它是中国昔日的文明（最明显的是体现更加普遍的集体观念强大威力的大型组舞）与未来技术相融合的一个生动的说明。北京奥运会的开幕式确实是一个令人惊叹的景观，并且就其性质而言也是一个不可复制的景观。倍受嘲笑的英国节目（包括一辆伦敦巴士、由丽安娜·刘易斯［Leona Lewis］和吉米·佩吉［Jimmy Page］表演了齐柏林飞船乐队的《全部的爱》［*Whole Lotta Love*］）意味着2012年的主办城市——伦敦——已举手认输，并且说出了："我们又怎么能比得上呢?"大型活动是市场驱动的意识形态在世界舞台上的一个演示。实际上，类似奥运会这样的活动把景观偶像化了，并且在该景观的生产过程中取代了地方的作用。其最终结果就是形成了这样的一种全球性的消费形式，和平、青年和多样性的统一原则被媒体驱动的全球化消费概念的需要所攫取。

结论

大型活动明显是从潜存于消费社会的权力指令中得到了牢固的基础。在这个意义上，它必然是独享的权力的。与此同时，城市在大型活动中所交换到的"独一无二的品质"也必然是转瞬即逝的，它最终不过是一种媒体的建构而不是实存的现实。这种媒体形象是建构在对一个拥有大量文化资本的象征主义世界的影响进行神话化的基础之上的。这种大型活动的主要优越性就在于它通常是一个全球性的活动，并且助长了一种更加显明的在全球竞争中打造城市的叙事，在这个叙事中，"被包括在内"，在更多的情况下不过意味着只能作为一个观看者而已。

危险在于上述过程积极剥夺了地方的权力，因为它把主流的市场驱动的价值观自然化了，并且围绕活动制造出一种氛围，不借助主流的消费话语几乎不能做出任何解释。在一个全球媒体时代，地方影响并非如人们可能想象的那样总是受到优先的考虑。但因此而认为消费者的地位必然被动，可能也是夸大其词。然而，消费社会的运行方式是这样的，消费者在体验大型活动的过程中可以享有的一定程度上的自由也不可避免地是要受到制约的。对城市的体验是通过一种支配性话语来塑造的，这种话语推进了一种特定的形象驱动的城市观念，它把城市看作是一种消费和体验的空间。不太确定的是，那种观点在多大程度上由城市居民被动消费。一个城市的建造在多大程度上是明显没有礼貌的（Degen，2004），一个在现代城市理想的想象性概念基础上制造出来的城市真的如想象中那般美好吗？大型活动不仅是指这一活动在规模上是“大”的，而且也意味着，它对于个体，尤其是那些实际参加了这一活动并因此有助于建立社会结构关系的人的潜在影响也是巨大的。然而，对这种宏大场面的体验也许最终把个体绑定在一个世界之上了。在那里，日常生活的真相显然永远无法与之媲美。

第八章　主题化的公园

主题公园可以说是消费社会典型的物质表现形式。它构成了最佳的商业环境，并且提供了通过消费逃离同质性经验的条件（Davis，1996）。它实际上在一个高度统一和可控的环境之内，提供了一个增进消费社会财富的无冲突的氛围。许多作者已经对主题化环境主要方面以及它们在城市生活中的关键作用做出了评论。尤瑞（2002）把主题化环境描述为事实上是不真实的东西“被变为真实”。它们是超级真实（hyper-real）的环境，是一个在我们脑海里萦回的现实的理想化版本，我们期望受到它的影响并让它展示出来供我们消费。但是，主题化环境明显的支配性已经引发了一种可以被称为是极端的反应，尤其是在迈克尔·索尔金（Michael Sorkin，1992a）的著作中，他认为，在主题化的环境中，作为“共同体和人类关系遗址”的城市观念被牺牲了（Michael Sorkin，1992a：xiii）。当然，主题公园也有许多形式并且常常位于更有乡村特色的背景之中。对本章的内容构成了支持的观点是，意识形态对这类环境的影响使得这些空间以自己的方式构成了微型的消费城市。

在本章中，我将对主题公园的意义展开一些思考，它既作为一种或许是纯粹形式的资本主义表达，也是作为它相应包含的个体与社会关系变化的指示器。因此，我将讨论主题公园在我们的社会中所发挥的支配性作用，在再度拓宽讨论范围，去思考主题化过程对于正在变化的社会之中消费空间起到何种作用之前，还将转向作为最大主题公园的迪士尼乐园。

主题化的空间

在继续思考主题公园作为消费社会的一个象征所具有的特殊影响之前，有必要从更普遍的意义上去考虑一下主题化在我们社会中的作用。这个问题在戈特迪纳（2001）的著作中曾经得到了特别深入的处理，他认为，我们的日常生活越来越多地发生在围绕着“主要的主题”被组织起来的环境之内。从这个观点来看，消费社会是以含蓄的能指的兴起为特征的。换句话说，我们的文化越来越具有幻想和象征主义的特征。我们生活在一个市场技巧正变得越来越微妙的社会里，消费者在这个社会里往往会被吸引到一个象征的或主题化的基础上来。这一过程让人发生兴趣的是，环境本身也和产品一样，我们使用的交通工具或参观的景点，都是积极被消费的。根据戈特迪纳的说法，进入了主题化的环境就允许个体去实现他们的“消费者自我”。但这绝不是一个被动的过程，戈特迪纳争辩说，消费者满足了他们自己的欲望并且借着这些市场驱动的消费空间所提供的机会去寻求个人的实现。尽管主题化的环境以资本的实现为前提并且是追逐利润的，只要与消费者有关，这个前提就必须被掩饰。因此，“主题化把产品简化为它的形象，并且把消费者的体验简化到它的象征性意义”（Gottdiener，2001：73）。

基于上述原因，戈特迪纳使用了主题化饭店的例子，这通常是特许经营链的后果，最著名的可能是坚石咖啡馆（它甚至吹嘘它自己的拉斯维加斯主题化娱乐场）。主题化环境是多功能的，这一点特别重要。除了提供汉堡为主的有限菜单，坚石咖啡馆的成功在于它部署的专题化的主题，也就是它的音乐产业的怀旧再现。它的饭店是用原来的事件记录和复制品装饰的，这是一个利策尔（Ritzer，1992）在他论述麦当劳化的著作中所说的野心勃勃的商业计划和可预测的怀旧。戈特迪纳（2001）也提到过根据一个相似模式运行的行星好莱坞连锁宾馆，在把它的创建者（阿诺德·施瓦辛格、西尔维斯特·史泰龙、黛米·摩尔和布鲁斯·威利斯）和电影产业的关系商品化时，行星好莱坞首先增强了象征的含义并把美食远远放在次要的位置。正如戈特迪纳指出的那样，在两个饭店提供的食物之间并没有真正的区别。不同之处在于主题化，或者说在于我猜你会称之为那个主题化过程的增加值。主题化过程远比以上的讨论所显示的更加无所不在，因为所有主要的外卖连锁店包括麦当劳、肯德基、汉堡王以及必胜客都“把它们的标志抽象为同样是四处弥漫的主题，它们在建筑环境之内加上了一系列的符号和象征标识”（Gottdiener，2001：79）。这些连锁店成为全球的主流仅仅是因为品牌所提供的可预测性和舒适环境，从一个国家到另一个国家几乎都是完全相同的。与此同时，这些饭店还通过与大的电影公司签订关联协议的方式来拓展主题化的权力。

在分析上述趋势时，戈特迪纳（2001）以一段有些沮丧的注解结束，注解显示了现代主义进步观的纠结的主题连同被好莱坞电影过分使用的那些主题，包括荒凉的西部、古代文明的遗址以及热带乐园（表现在英国的是中央公园，一种为有抱负的中产阶级举办的度假营，中央位置配有热带游泳乐园），本质上都是缺乏想象力的。实际上，那些被部署的主题都是取自一个明显有限的调色板。就戈特迪纳关注的问题而言，商业的命令确保了这些主题化的空间顺应趣味的最低平均水平。在戈特迪纳看来，作为早期现代主义城市特征的公共、私人的二分，已经被一个把消费及消费者交流放在优先地位的环境所取代。他指出，“这些人造的、主题化的环境，是那些在一个具有开放的城市与强大的公共行动空间的健康社会中培育出来的昂贵的公共场所的有

图 8.1　拉斯维加斯，主题公园的终极体现。(Photo Andy Miah)

限的代用品。这些环境不可能替代真正的雨林、热带乐园以及重要的地方文化，尽管它们完全可以奉献出它们的破坏能量”（Gottdiener，2001：188）。这种情绪从最广泛的意义上反映了一种冷嘲热讽地看待环境利益或者主题化环境的更为普遍的的趋势。这种情绪在我上文中提到的索尔金（1992a）的著作中也得到了明显的反映，他描述了吹过我们城市的一股“恶风”，“它具有一种潜在的能量，不可逆转地把城市的性格改变为杰出的民主和快乐的景点”（Michael Sorkin，1992a：xv）。

上述情绪反映了美国文化评论者著作中的一个重要的倾向，特别是经过了20世纪90年代之后，他们批评了美国风景的不真实的性质。这一论题的另外一位卓越的研究者是艾达·露易丝·哈克斯特堡（Ada Louise Huxtable，1997），她讨论过“非真实”地点的出现，这些地点创造了一种幻想的世界，在这里，真实性既不被崇尚也不被需要。哈克斯特堡（1997：2）描述了美国人的这样一种心理状态，他们对幻觉的钟爱超过对现实的认同，“以至于复制品被当做原作来接受，模仿代替了本源。体验代理、环境代理已经变成了美国人的生活方式”。哈克斯特堡表达的一个主要关注在于这样的信念，主题化的空间，特别是那些卷入了历史的怀旧浪漫主义过程的空间，构成了某种民主的和普世性的“人民”的选择。事实上，这些环境是随机制造的。它们的制造都是为了一时的、短期的利益，并且只是拥抱它们有限的也隐含着排外的动机的行为，这也就意味着对广大的地方和社会需求的忽视（Huxtable，1997）。

也许，主题化环境的主要过渡性质在于它比对这种空间所能够提供给我们的建筑价值的思考更为重要。实际上，值得我们关注的主要不是主题化空间的物质特性，而是这种空间参与了我们可以称之为“体验经济”的法规制定。正如我在第四章中指出的那样，潘恩和吉尔默（Pine and Gilmore，1999）已经指出，体验已经成为后工业社会中经济输出的一种主要样式。在这种情况下，体验的成功表演对于任何一个希望成功开发出主题化环境的组织而言，都是其必不可少的组成部分。从这一观点来看，服务是舞台，商品则是用以与个体消费者打交道的后备支持。这反映了这样的一个过程，这就是我们过去通过非经济活动获得的东西，如今则需要通过商业领域去寻求。

> 在正在崛起的体验经济中，公司必须意识到，它们制造的是记忆，而不是商品，而且，它创造的是可以生成更大经济价值的舞台，而不是去提供服务。是行动起来的时候了，因为只有商品

和服务是不够的，当今的消费者需要的是体验，并且他们愿意为之付钱买门票。(Pine and Gilmore，1999：100)

在这个意义上，主题化环境必须提供出能够吸引和迷惑消费者的分层体验。通过这种办法，它们可以迎来重复的光顾并因此而获得通过个性化定制而达到个人蜕变的可能性：通过主题化空间与消费者之间一对一关系的发展（或者至少在表面上）。关于这一点，另一种表达方法就是，对一种经验的主题化就类似于编写一个故事，没有客人的参与它就不可能完成（Pine and Gilmore，1999）。有效的主题化就是要连贯地设计一个统一的故事线索，让消费者真正感觉到已经被卷入其中。但是，首先，从一个更具批评性的角度来看，主题化空间都是围绕一个特定的核心而设计出来的故事，并且，那个核心才是最终被消费的产品。建立在这样一个基础之上的主题化环境可能很容易被人指责（Herwig and Holzherr，2006）。从社会学的角度看，更有意思的则是这些空间对应着巨大的需求，并且给消费者提供了无疑会令他们持久向往的安全享乐的空间。无论这样的空间表面上看起来是多么虚假，有趣的是它们拥有一种持久的魅力，这就像有待译解的符号一样散发着无尽诱惑。

主题化与购物并肩而行（参见第六章），这也许是20世纪最成功的商业建筑战略，它的影响依然风头强劲（Herwig and Holzherr，2006），在主题公园这一形式上得到了最生动的体现。在强调作为消费空间的迪士尼乐园的强大意识形态影响之前，我将对主题公园进行更为详细一些的探讨。

主题公园

现代的主题公园肇始于1851年至1939年之间世界博览会的举行（见本书第七章），帕特森（2007）曾经指出，考虑到它们的文化流行性，它们在帮助人们形成对广大的社会世界的预期方面明显发挥着重要的作用。这些空间都是建立在近似的画面之上的。换句话说，一切都与视觉有关的，并且，所构建的一切都是一个明显的视觉统一体，它提供了对某一空间和地方的有强烈感情色彩的象征性再现。就此而言，一种特定的世界观（把消费合法化的世界观）在游客逗留主题公园期间掌握着控制权。游客进入那个公园不只是带着游客的想象，也带着自己的全部存在。在此时，他们将因此而体验到一种"有活力的、感官的"公共生活，在这种公共生活中，人们不再仅仅作为那种经验的一部分以及其观众。

主题公园也许是主题环境的最杰出的范例。它是消费资本主义持续复兴的一个物质表现。以对幻想的现金售卖为特征，主题公园作为一个消费空间能获得如此成功，恰恰是因为它的天真的外观成了其背后的消费意识形态的相当有效的掩护（Jones and Wills，2005）。赫维格和霍尔哲（Herwig and Holzherr，2006）把主题公园描述为被剥夺了城市语境的自足的梦幻世界，它构成了我们时代的文化范式。可以确定的一点就是，主题公园再现了全球媒体系统中一个具有战略上的重要性的部分（Davis，1996），因为，它提供了一种新型的大众媒体，它综合了消费社会的市场与广告活动。从这一观点看，主题公完完全全是商业性的，因为，它为跨国娱乐公司和它们的广告商伙伴提供了巨大的盈利机会，以至于戴维斯（1996：403）把主题公园描述为"一架快速生产现金的机器"。这是一个戴维斯（1997）在她论述海底世界公司文化经验的著作中已经做过更深入的探究的问题。她指出，门票费占到了主题公园总收入的大约50%，另外的50%来自食品、饮料和各种类的经营。因为这个原因，消费者在主题公园花销的方式需要被细心筹划和控制，以便使最后的细节也能确保最大化的盈利。在戴维斯看来，这都是与空间的商品化有关的。她把主题公园看作是当代空间-城市问题的象征，并且认为，这一切表明了地域的本土和当地意义已经被转变为一种标准化的产品。主题公园的特色所在，特别是我将在下文中详细讨论的迪士尼乐园的运作方式，就在于它提供了一幅“围绕消费统一起来”的意义完整的风景（Davis，1997：3）。换句话说，主题公园不只是一个消费的地点，它是一个可以被理解为自上而下地被决定了的消费的地点和文化生产的地点，并因此也成了一个蓄意强化的维持现状意识的地点。但是，正如戴维斯提示的那样，这样的解释在20世纪70年代最为流行。从那时起特别是在20世纪80年代期间，分析者宁愿把主题公园当做文本和当做一个被加速了的消费社会的更大的环境的一部分。主题公园因此被确认为对外部世界的一种物质表达，“由宏大的私有化空间构成”的资本主义文化的范本（Davis，1997：4）。罗杰克（1993）提出过一个更直接的定义，他把主题公园描述为主题化的休闲公园，它合并了参与性的魅力和系列化的奇观。这些奇观本质上主要是逃避主义的，给消费者提供了一个沉浸的、狂喜的和兴奋的世界。

把消费公园作为表层的文化形式加以驳斥当然是一种误解，因为，与许多的文化形式不同，从性质上说，主题公园在许多方面是有积极意义的，它们的存在反映了深层的、意味深长的情感和认知过程。也许更加中肯的看法是，主题公园不仅是物质空间，也是抓住了个体想象的情感空间（Lukas，2008）。也许，主题公园最让人感兴趣的还在于，它们似乎使非个人的东西个人化了。换句话说，它们给消费者提供了一个可以逃避的环境，一个似乎是根据个人需要剪裁的环境。塞萨泰利（Sassatelli，2006：167）特别有力地捕捉住了这个过程：

> 主题公园和旅游村的设计者非常像健身房的教练，在那里，他们必须通过一系列的实践认知和情感投资让消费者参与到有意义的体验中去，去阅读和欣赏他们正要进入的情景。在其他的方面可能是太理性化和标准化的地方，也可以由此被营造为自由的、自我满足的、个人化的、愉悦的和有创造性的空间。

主题公园对消费者是有吸引力的，因为它提供了一个封闭的和独立的现实，一个拥有自己回报方式和学习经验的空间，它从广阔的社会中分化出来并且还在反映着社会的要求。在罗杰克（1993）看在，这都与速度和时空压缩这一广泛的问题有密切联系。主题公园的一种独特魅力在于它借助巨大的速度去驱动身体，也就是如我们所知的那样，在这个过程中提供了一种倒置身体并挑战现实的后现代的永恒运动。罗杰克指出，从地理上对这些公园进行主题化使它们容易进入一个时空压缩、或者说实际上是被分解的过程。迪士尼乐园对国家、文化和奇幻王国的建构在这方面提供了一个生动的例证，不可能的旅行却通过时空界限的消弥而向消费者展示了它完美的自然属性。

上述情形在近期最有名的例子也许首推泰晤士小镇（Thames Town），这是一个不是主题公园的主题公园。泰晤士小镇坐落在松江，离中国上海市中心大约 30 公里的长江岸边。这是一个计划耗资 5 亿人民币、被设计成能容纳接近 1 万人的小镇，如它的网站上所说，它是参照了泰晤士公园，“为怀旧的侨民和信心十足的富裕的中国人而重新创造出来的旧式英国风格的小镇”。然而，这不只是一个主题公园（参见 Coonan，2006）。它是一个“真实的”存在。泰晤士小镇是规划中的九个小镇之一，此外还包括为汽车爱好者建造的德国新城、展示斯堪的纳维亚风情的北欧小镇以及给消费者提供沿着中国的兰布拉斯大道（Ramblas）购物机会的巴塞罗那小镇（Coonan，2006）。除此之外，还有一个意大利小镇也在浦江郊区规划建设，预计能容纳 10 万人在威尼斯风格的运河之滨生活。根据罗杰克（1993）的说法，这种开发展示了一个去时空差异化的过程，一个符号的重新定义和标记过程，因此也是对为了娱乐目的的土地使用的一次重新部署。

品牌化的风景

如斯科特・卢卡斯（Scott Lucas，2008）所表达的，现代主题公园的最重要的特征很可能就是向着品牌化的风景的转变。换句话说，主题公园不仅是要提供变化多样的一般娱乐项目、豪华建筑和穿越的刺激，它们更应该变成有品牌的地方，最终成为与想象、意识形态、体验以及神话连成一体的世界。卢卡斯甚至认为，主题公园不仅是一个娱乐和陶醉的源泉，它本身就在切实地和主动地寻找着改变社会的途径。此处的意思是，品牌的问题已经与主题公园发生了关系，比如，最著名的是以主题化的骑乘游乐项目形式表现出来的。根据实例，一次基于星球大战的骑乘游乐项目既会对消费者的电影欣赏产生影响，也会让他潜在地易于接受将来精心制作的附加在电影之上的品牌，一个类似于“进入他们已经熟悉的商品”的过程（Scott Lucas，2008：185）。卢卡斯接着讨论了“哈利波特”的品牌化过程，还专门讨论了“哈利波特魔法乐园”的情况，因为它是作为奥兰多环球影城度假村的一部分在2010年开放的，它被趣称为“主题公园中的主题公园”，这样的一个主题公园可以让消费者亲身体验到哈利波特的世界。这不是对幻想世界的想象，而是直接进入了幻想的世界：

> 所有的主题公园，甚至是没有法人组织和主题化的娱乐公园，都看重商品销售和服务，这与公园之外的世界有很大的联系，然而，差别在于当代的主题公园把品牌并入了公园——从骑乘，到展览，到礼品商店，到宾馆饭店——进一步在商品、服务连同主题公园的消费中把顾客的作用自然化了……主题公园获得了品牌的地位，但它们又远不止于此。它们是把消费社会的观念灌输给人们的物质传播空间。（Scott Lucas，2008：193～196）

卢卡斯还讨论了包括像ESPN运动主题餐厅和Dave and Buster's连锁餐厅等时尚商店的兴起的情况，并把耐克城之类的零售批发作为上述过程的一个延伸。这里的关键问题是这类空间在一个潜在的以个体孤立和自我怀疑的经验为特征的世界里，为人们提供了一种可识别的、常常具有励志意义的身份的稳定性。主题化的环境的设计正是为提供舒适，但也许具有反讽意味的是，它又要提供一种地方性的感受。因而这里就存在着主题公园的一个主要的两难困境。它的传统领地越来越受到一种被更广泛采用的主题化新原则的侵蚀，这种主题化原则已经遍布于我们文化，甚至导致了星巴克咖啡这类所谓“第三空间”的出现，它构成了一种新型的地方化了的主题化形式。特别引人关注的是，与主题化和主题公园密切相关的品牌化实际上已经变得自然化了：它已不仅是一个品牌，而且它已经被证明是生活本身的基本元素。正如卢卡斯所论述的那样，我们被主题公园再创造的假象以及与它的互动所吸引：“我们接受它们，抚摸它们，使它们成为我们的一部分，并且我们回报它们，给它们以生命”。从这一观点来看，主题公园给予我们的不过是逃避。它们实际上为我们提供了这样的一个空间，我们在其中可以象征性地处理我们日常生活基点上所面对的困境：主题公园作为一个生活的文本，一个与世界谈判的模型，远不止是把消费所提供的机会最大化的问题。

上述问题包含的更多内容还在于，主题公园就其本质而言是以多种面目出现的重要的再现形式。主题公园在所在国的作用是有特殊意义的，因为它表明了构成城市环境主题化基础的重要的关系。就此而言，作为一个充当了变革的实验场同时也伴随着消费社会快速发展的国家，中国的主题化经验是具有特别的说服力的。任（2007）考察了空间的主题化在 20 世纪 70 年代以来的中国经济改革中所发挥的作用，它已成为记录伴随这一过程而产生的一套新型的社会关系并使之合法化的强有力手段。任还接着讨论了在中华民族园中消费被用来塑造游客行为的情况。自 20 世纪 90 年代以来，中国经历了一个主题公园热，这些主题公园在维持中国的日常生活方面都有着重要的意义和目的（Ren，2007）。最重要的是，这些公园似乎都把全球化以及最近数十年来社会关系重新配置的过程合法化了。中华民族园包括一组共 16 个自然规模的村落，每一个都展现了一个族群的生态。在这样的背景之下，消费者需要的设施如餐厅和商店等都包含在或隐蔽在村庄的实际运行功能之中。根据任（2007）的说法，公园提供了一块消费中国的其他民族文化情调的飞地。这些文化是为消费者整齐方便地包装起来的，其最终结果便是由公司化的资本所驱动的一个中华民族大团结的景象。在任看来，公园“把游客的消费意识自然化了”，制定并提供了消费的机会。从这一观点来看，主题公园可以被描述为一个风景：民族风俗成了商品。更重要的是，任还表达了这样的观点，公司像一个实际上的管理者一样控制着公园的运行，来公园的游客被细心地、蓄意地引导着去进行更多地消费。

上述的讨论证明主题化作为一种具有重要社会学涵义的假想技术是与消费意识形态密切相关的，它对消费者生活的影响以及它与管理者的关系远远超出了它运行于其间的直接的空间范围。这些主题化的空间可以说是“梦幻的世界”，在这里，美好的生活由我们与消费的关系所决定，在这里，世界更是一个等待破译的符号，而不仅是一个有待勘察的地方（Herwig and Holzherr，2006）。因此，这里所描述的一切更是一个象征的过程。戈特迪纳（2000）曾指出，我们社会的欲望生产依赖一个象征机制，因此，我们实际上是生活在一个完全主题化了的社会之中。金钱与商品的交换已不再是这个社会的主要性格——更为关键的是，欲望的推广是通过广告和大众传媒而与商业环境联系在一起的，其中包括可以买卖商品的主题化空间。在这种情况下，“主题化环境的运转和效率不仅是因为它们与商品的领域有关联，也因为消费空间，而且也因为它们为消费者提供了本身就有吸引力的空间体验，正是它们推进了消费空间，人们……来到这里观看和被人观看”——迪士尼乐园和迪士尼世界——最典型的主题化空间，而且，它也确实是世界上游览人数最多的“地方”（Gottdiener，2000）。

作为最大主题公园的迪士尼

在思考形式多样的迪士尼乐园的空间意义与社会学意义的时候，从对它建筑表现的思考入手可能是有益的。在克灵曼（2007）看来，迪士尼乐园和迪士尼世界均与对经验的精心设计和编写有关，它们被一个品牌的身份合在了一起。因此，迪士尼乐园和迪士尼世界上演了各类活动，并且在这一背景下，建筑也采用了迪士尼的卡通风格，以便去创造一个让游客成为名副其实的演员的互动的舞台。为了让游客感觉到它的完美比例，迪士尼乐园提供了一个变形的装置：通过对圆形交叉和建筑边缘的运用，能让景区周边的变化给人带来更多的舒适感。然而，更重要的事情却是，迪士尼建筑的戏剧效果，与它的物质表现相反，尤其是通过激活来自大众记忆的形象和事件来抓住了游客的想象力。迪士尼公司设法通过一个精心建构的叙事和强烈的视觉信息把自己和游客的最隐秘的欲望联系起来（Klingmann，2007）。正像鲍耶尔（Boyer，1992：201）所说的那样，“迪士尼把美国人的生活方式表现为一个世界进步的符号，消费是能够取得进步的工具”。迪士尼乐园点燃了人们的想象力并且让人们愿意去购买它。然而，造假的还不只是环境，因为迪士尼乐园里的一切完全都是异想天开的，但是迪士尼乐园是一个典型的消费的风景，而不是一个休闲的地方，这却是一个事实。因此，迪士尼的经验都要归于它把题材放在了规划过程的最前沿，作为视觉说服和可靠的保证消费者体验的一部分。鉴于这里根本就没有自发行动和想象的空间，因为自发行动和想象都已经被预制好了，这一过程的最终结果便分明只是一个单向的交流形式，所以，消费者必然是被动的（Klingmann，2007）。就其性质而言，这个被严密设定了程序的世界删除了多样化解释和自由创造的可能性。它是一次白日梦，它是幻想的世界和常态的世界。克灵曼（2007）引述了鲍里（Borrie，1999）的分析，其中写道：

> 迪士尼是好莱坞化的老少咸宜的餐饮。无论如何，洁净、富有浪漫气息的亲切感是一个有影响力的版本，它也许会比新颖的地点和活动更有吸引力。正是迪士尼的这个版本似乎更完美，更有可能性并且更适当。但是，那种吸引力的一部分却在以地方为基础的叙事走向商业的、普遍的整体叙事的过程中丧失了。(Borrie，1999：81)

在一个另类的世界里，迪士尼主题通过让消费者全身心地投入发生作用，这使得迪士尼一定程度能够提供本来它们不可能拥有的连贯性。这也可以解释为一个麦当劳化的过程，因为，迪士尼是受到高度监控的，游客在两个有吸引力的目标之间必须遵循特定路线，与此同时，迪士尼的保卫人员机警地扮作“演艺人员”。而且，如布莱曼(Bryman，1999) 所指明的那样，迪士尼的游客受到了独一无二的迪士尼化监控，这种监控推动了世界进步，这是经常被用于描写白人中产阶级的异性恋家庭的，而且特别是用来描写一个科技能够持续不断地发出一种现成有效的消费经验流的世界，迪士尼也是一个高度可预测的空间，在这里，你甚至知道你离开之前会得到什么，即使你以前从没来过这里。但是，对布莱曼来说，也许主题化的主要特征在于这样一个事实，迪士尼环境软化了消费者经验的商业性质。消费与幻想的差别在迪士尼主题公园被大大减少了，正是在这个意义上，主题化抵达了它的逻辑终点。

幻想的生产是瓦斯科 (Wasko，2001) 分析迪士尼的关键。在瓦斯科看来，幻想的生产对社会价值的强化具有重要的含义。那个幻想的大部分被封装在迪士尼品牌所代表的一个几乎是世界性的认知度之内。诸如米老鼠等的角色一直活在上千万儿童和他们的父母以及父母的父母的心里。瓦斯科表示，迪士尼的普及绝不是自然的，它是限量生产的历史过程的一部分。对这个过程的担忧在于这样一个事实，即主题化和迪士尼推销的产品远并不是天真的，除了附加在迪士尼品牌之上的可接受性和安全的氛围之外。事实上，如果不是存在于集体记忆的话，迪士尼温暖的家庭记忆是通过迪士尼产品逐渐发展起来的，以至于“欢乐与记忆变得与那些活动密切相连，它们已失去了最初的动机，或者它们本来就是商业性的”（Wasko，2001：223）。迪士尼世界是一个保守的、消费者驱动的世界，它可能最好被理解为一个具有深层矛盾的组织，它的过度商业化过程对许多批评家来说都不啻于一个恶咒。迪士尼就是对经验和记忆的商品化。1998年，迪士尼主题公园的税收总额是6.1亿美元，而且，据资料显示，超过50%的税收来自门票收入（Wasko，2001）。一旦进入公园，更多的品牌化消费机会必然随之而来，也许支撑了迪士尼基础的关键主题就是作为一个消费单位的家庭主题。

在讨论现代性中的大型活动时，毛里斯·罗歇（Maurice Roche，2000）主张，迪士尼模式的主题公园在多重意义上都是创新性的——首先，它完善了一种完全的环境控制形式，在这里，消费者所做的一切事情都是被设计好了的。第二，它提供了一些值得怀念的体验，尤其重要的是可以购买的流行电影和电视的体验，它也相应地借助新的媒体去推销主题公园，反之亦然。第三，迪士尼公司在传播迪士尼经验时，介入了数量不多的一些跨国公司的业务，如可口可乐等，这样一来，景区也就变成了高度协作的销售和市场营销的空间。迪士尼公司抛弃了作为初期主题公园特征的无计划的消费经验，它接受了一个消费者建议，对向消费者供应的产品以及产品的供应方式采取了全面的控制。从某种意义上说，这就是主题化的定义：以消费主义的均质性为基础的明显多样化的娱乐风景的建构。这里的要点自然在于越来越多的社会领域正在被迪士尼化的过程所渗透（Bryman，2004）。换句话说，迪士尼主题公园的原则在社会的各处越来越清晰可辨。迪士尼化的结果，如果就像我们想称呼它的那样，将要创造出一种让主题化成为规范的城市环境；那么连品牌本身也几乎不再需要了。

庆典

迪士尼公司的品牌权力也许从逻辑上必然导致它的庆典形式，这个庆典仪式本身就达到了迪士尼公司对主题化环境的潜在内涵想象的极点：这是一个可以供人生活而不只是游览的地方（Wasko，2001）。迪士尼公司在这方面的最初志向表现在未来世界（EPCOT，the Experimental Prototype Community of Tomorrow）的为了生存、呼吸体验共同体，这个计划在沃尔特·迪士尼去世之后搁浅，尽管未来世界如今还在迪士尼世界扮演着一个并非常设的角色。它位于迪士尼世界 5 英里之外，庆典仪式开始于 1996 年 7 月，它展示了一个新城市主义或者说是新城市规划的生动案例，其目的在于重估复古的美国小镇大街的传统价值。根据克灵曼（2007：77）的看法，这种理想化了的（一些人会说是乌托邦式的，另一些人则说是异托邦的）共同体表明了“从编写的戏剧到城市现实的平滑转变”。共同体的外部特征是受到迪士尼公司的严格控制的，尤其是在它的物质特点方面。就此而言，瓦斯科引用了《纽约时报》的一篇文章，文章声称，庆典是按照一个以消费原则为基础的独一无二的民主模式进行的，因为只要迪士尼公司能积极回应当地人的需求，他们会自愿地向迪士尼公司交出他们的生存权。这是一个生活方式品牌化的过程（Klingmann，2007），在这个过程中，私人共同体通过迪士尼品牌所隐含的不言而喻的家庭驱动的价值戴上了公共性的假面：这个品牌身份在社会的意义上已相应地变成了行为的准则。庆典是没有品牌的，因为在这里见不到迪士尼明显迹象，但正如卢卡斯（2008）指出的那样，这只是因为迪士尼太强大了，以至于它从商标的领地走出来，直接进入了生活本身。迪士尼公司这么做，把自己的权力有效地自然化了，并因此成了当地居民和游客的日常生活中一个主要的意识形态标准，因此，鲍曼（2007：6）指出，这些居民“是自发地，成了商品的推销者和他们所推销的商品”。赫维格和霍尔哲（2006）把这个庆典视为“一个想成为村庄的小镇”：一个深奥的中产阶级和白人的空间（它作为一个地方的信誉是可争议的），庆典仪式对城市衰落表达了一种哀婉之情，城市已愿意接受这一衰落所带来的厌倦和约束。庆典仪式作为一种“城市”形式的有效性是一场无法终结的争辩。在某些批评者看来，庆典也不过是一件以假乱真的赝品（Huxtable，1997）。这样的分析反映出要对那些支撑了像庆典这类地方的价值观念进行指责是多么的诱人。从实际的角度来讲，新城市主义的发展提供了大量新的思路，比如以他们提出的“可步行性”为例，人们当然会认为他们形成了一个规模相当大的忠于本地居民的共同体。尽管如此，在保证共同体多样性方面，他们所取得的成就依然是大有问题的。

也许，对于迪士尼公司及其庆典仪式来说，最重要的问题在于它们没有考虑过它们所提供的消费机会可能是多么虚假或多么真实。正如佐京（1993）主张的那样，它们从根本上说都可以被理解为权力的风景，就此而言，只要它们能为一个和谐的小规模的美国设计出一个特定的理想化的形象，迪士尼公司和它的庆典仪式就产生了作用。佐京（1993：222～224）继而表示，迪士尼乐园这样的做法从规划方式上说实际上可以与大众消费社会相媲美：

> 毫无权利的集体欲望进入了一个公司的权力风景之中……正如真实的风景可以反映出正在处于产业细分和大规模建设过程之中的国家那种密集型的、未经规划的发展的状况一样，迪士尼乐园假想的风景也反映了建立在视觉消费基础上的大众传播业的发展状况。

从这一方面说，迪士尼乐园是一个权力的风景，它反映了消费社会的创造能量。迪士尼公司的成长来自并且也强化了更广阔的社会发展，比如向郊区的扩张和向美国西南部移民等。在佐京看来，迪士尼公司的专长在于它以对记忆的操纵为基础去制造想象中的风景，也就是那种我们能在许多消费空间里找到的假想的风景。并且，迪士尼公司也许应该为自己证明了视觉消费的经济稳健性而邀功请赏。佐京确认，从这一方面来看，迪士尼公司已经成了一个典范，它确立了文化的经济价值并因此确立了消费品的文化价值。这一过程的最终结果便是一个统一的公司权力风景：一个中产阶级的天堂，在这里，社会分化与社会矛盾都被设计排除掉了，在这里，“指导公司之手”给了消费者一种控制感，而他们在生活的其他方面可能是得不到这种感觉的。正如迪士尼公司所集中体现的那样，主题公园正是以这样的方式提供了一个民主幻象，它把那种幻象以一种非常特别的消费者决定社会未来的形式具体化了。因此，作为一个被严密控制的消费空间，迪士尼乐园表面上是民主化的，但鉴于它的定价战略意味着公园只是对于某一些人而不是其他人敞开大门，它又是处心积虑地排外的。迪士尼乐园主要是一个被消费者限定的空间，却又并非每一个人都有资格消费的。

结论

上述的观点反映了在诸如索尔金（1992a）和戴维斯（1997）等人的著作中表达的忧虑，作为高档的消费空间，主题公园与城市之间的界限正逐渐丧失。因此，戴维斯（1997：4）增加了对以下情况的担心，城市空间的记忆和历史被掏空了，以至于“社会空间中有意义活动的潜在可能性，以及社会空间本身”，都被重新界定了。这种情况尤其表现在鲍耶尔所讨论的纽约南街海港（South Street Seaport）的例证之中。南街海港是一个休闲时间的活动区域，它同时为华尔街附近的高收入雇员提供了购物和娱乐。它先前是一个废弃了的码头，一个街道狭窄的破败的空间，南街海港提供了海运区域复兴的样本，与巴尔的摩的海港区（Harbour Place）和波士顿的昆西市场（Quincy Market）的情况相似。鲍耶尔把南街海港描述为一个“想象的历史博物馆”。它技艺娴熟地用一个人造的历史氛围包围了游客（或者观众）：

> 目的是具有戏剧性的：去展现城市的一个特定的视觉形象，为了唤起能给人以情感满足的过去时光中的形象，它制造了通过想象中的舞台前部装置显现的透视角度。建筑与剧院使用了相似的手段去设计娱乐的地点和景观，它操控了风景、装饰和梦幻世界，强化了人们游玩的情绪。（Boyer，1992：184）

鲍耶尔描绘了一个幻觉和娱乐的世界，一个景观的世界，在这里，城市的形象被建构于城市本身之内，因此，为了支持一个把它自己主题了化的版本，真实的城市从视野中消失了。这里所担心的问题在于，这类空间蓄意地悬置了批评判断。从这个意义上说，主题公园已经越出了公园大门的限制。我们的城市充满了被主题化的空间，消费空间的设计常常只能重复利用历史身份，于是，便有了一种趋势的回潮，它已经见证了废弃的工业荒原的复兴或旅游消费的文化热点。然而，这个过程并不是一个中性的过程，它经常涉及真实的历史与仿造的传统之间一种模糊不清的关系（Boyer，1992）。这明显构成了一个以历史舞台形式出现的对历史的风格化的挪用，它的存在目的和理由就是要抓住一种非地方的感觉：

> 这些舞台把快乐从需要中分开，它们逃避现实。这些舞台扩大了被展示的城市与我们所见到的城市之间的鸿沟。它们在这样运作的时候，切断了它们和真实的城市的建造艺术之间的一切联系，因为这些城市舞台毕竟只是声称自己是供开心和娱乐之用的特定地点，是在游戏期间要探索的城市区域，它承诺不用严肃的现实增加观众的负担。（Boyer，1992：192）

鲍耶尔的批评指向上述过程中城市被简化为一张旅游景区图的现象。在南街海港的例子中，这种情况表现为对一个实际上是露天的航海博物馆的开放，这同时也存在着可以想象的零售业的机会。因此，南街海港基本上就是一个市场，它催生了一种渴望，可以（并且尚不能）通过消费的行为来满足的渴望。但是，这样的机会表现了一种重构历史统一性的努力，这种统一性压根就从未存在过。并且，这个过程的中心就是消费的机会：

> 这些幻想的模仿环境为我们的消费兴味提供了布景。在当今这个时代，商品不再只以它们的使用价值和功效而被推销，而且是作为一个赋予了它们以附加意义的价值系统来出售。商品与实际功能、使用价值以及必需品的特性离得越远，似乎就越有吸引力。(Boyer，1992：200)

因此，在鲍耶尔看来，这个过程完全是在营造一种消费环境，它在整个的消费行为过程中给了消费者某种暗示。这种模拟的幻境把消费放在优先考虑的位置，它让商品的诱惑力显得不容置疑。消费实际上成了唯一合法的行为：一个模范公民的行为。鲍耶尔在这里所谈论的是公共经验向私人消费领域的转移。探访一个城市特定区域的旅程可能完全如过去那样快乐或许比过去更快乐，但是那种快乐越来越可能是由实现了的诺言带来的，此外的原因还有购物和消费的机遇。

我想借助对另外两个有关主题化和历史的关系的例证的简单讨论来进一步说明上述观点。当然，这并不是说所有的历史舞台造型都表现出了鲍耶尔所描述的全部特征——不考虑城市同质化的情况，它们对这里所说的情况而言显得过于复杂。无论如何，历史的风格化的挪用是服务驱动的经济体的一个普通特征。针对这种情况。理查德·威廉姆斯（Richard Williams，2004）在他的著作《焦虑的城市》（*The Anxious City*）中，讨论了以下现象：城市越来越明显地以一种专供旅游消费的视觉化的舞台造型的形式被构建出来。威廉姆斯就此认为，阿尔伯特船坞（Albert Dock）就表现出一种要把一度已变成了昏暗的工业化建筑的衰败气象转变为供旅游者消费的戏剧化的景观的努力。威廉姆斯还探讨了利物浦泰特美术馆的作用问题，作为美术馆的国家“链条”的一个部分，它的开发曾有一个更具普遍性的理论根据，为了达到充分的“文明化”程度，它决意认为北部地区的人也需要在一个定期的、容易接近的基础上受到现代艺术的教益。在他展开广泛涉及英国国家复兴的分析过程中，威廉姆斯认为英国的城市是以奇怪的状态存在的：它似乎是发展迅速的，然而，它却又存在于一种非常希望抑制这种发展的文化之中。因此，这使得城市长期处于焦虑的状态。就阿尔伯特船坞而言，这里所发生的一切不过是城市衰落问题的一个象征性的解决方案。仅就它支持对复兴的风景的引进这一方面而言，这个解决方案实际上没有任何意义，因为它对解决内城萧条的问题并无真正的效果，或许可以说它反而重申了这样的事实，那些被排除出去的东西根本就不属于那个地方。在威廉姆斯看来，城市就是这样被按照阶级的路线分化开来的，城市革命是一次“中产阶级趣味”的革命。表面上看，阿尔伯特船坞向世界展现了一种咖啡文化和新古典建筑的景象，事实上，它在此时的状态更容易让人想起并不淳朴的购物中心（Richard Williams，2004）。

加上利物浦 One 购物中心的映衬，在一个被社会不公所包围的世界里，阿尔伯特船坞更加强化了一种消费主义的浓厚气息，利物浦 One 购物中心是欧洲最大的市中心购物开发工程之一，与阿尔伯特船坞隔墙比邻。威廉姆斯把这些视为一个美化过程：通过审美化的手段来应对城市的问题。在他看来，关键的问题在于城市的复兴是否只是表现在表面上，表现在一个被有特权的观众凝视的空间。或许这样的空间更多地表现为对失败的退让，它承认了在某种意义上后工业风景固有的障碍是不可逾越的（Richard Williams，2004）。表达这一切的另一条路径就是，尽管阿尔伯特船坞表现出了复兴城市的努力，但它只是在修辞的意义上来进行这一工作的。它在屋顶上高喊复兴，然而，它不能成其为地方的复兴，因为它只是象征性地自我挣扎了一番——对那个城市的现实生活的影响微乎其微。

另外还有一个有趣的例子，它的城市空间也明显被以相似的方式审美化了，并且它也因此被视为一种对地方的背叛，这就是巴塞罗那的唐人街（Bario Chino），迈尔斯等作者（2004）曾详细讨论过这个案例。迈尔斯等人探讨了1992年奥运会之后巴塞罗那的发展情况，在对本真性的讨论中，他们认为，巴塞罗那这个城市审慎地利用了它旧有的建筑，并且在这个过程中建立了一种朴实的文化景象，在这里，旅游者可以接触多样的种族和文化群落。基本上说，巴塞罗那在奥运会之后拒绝接受大众旅游市场的模式，并且探求把小众市场本身作为一个引导更有眼光的消费者找到"真实的"巴塞罗那的文化风标（参见本书第七章）。因此，巴塞罗那新出现的东西其实就是建立在当地文化配套基础上的旅游设施。但是，这种配套在某种意义上说是倒置的，因为，是消费而不是生产成为优先性的。在当地文化生产方面，投资的短缺以及地域生活成本的增加，在这个中产阶级化的过程中也许都不可避免地成为了事实。作为这一进程的一部分，巴塞罗那原有的红灯区唐人街被改造成了一个新的文化街区，它合并了文化机构的旗舰巴塞罗那当代艺术馆（MACBA）。正如迈尔斯等人（2004）指出的那样，尽管规划管理需要给附近居民提供替代性的住所，但因为涉及高昂的服务费，不是他们中的所有人都有能力接受这样一种方案。因此，迈尔斯等人认为，这个地区出现了同质化和清洁化的感觉。这个地区确实被审美化了，满足当地需要的售货车被美术馆、设计师酒吧、精品店和美发店所代替，这一切明显导致了对老街生活的侵蚀。

> 对游客来说，困难在于el Raval酒店似乎变成了一个不复存在的空间，它的街道开始变得像是文化和职业精英的公共生活表演的一个舞台背景。是空间的显著设计和它们的审美化风格，而

不是通过平时居住和使用逐渐积累起来的日常面貌，改变了闲逛者的经验……被动的，似乎是在消费这个地方，而不是和地方互动。(Miles and Miles，2004：83)

这里所关注的问题是地方文化被纳入了一种（分明是虚假的）高雅文化的版图。因此，迈尔斯等人（2004）所担心的不是文化在这种环境中被侵蚀的问题，而正是这些文化被归入了高雅文化这样的事实。先前曾经是一个充满创造力的空间实际上已经被以公共利益的名义标准化了，所以，它所推销的小众市场的形象已优先于小众市场的内容。换句话说，消费淹没了能让一个地方保持其特殊性的一切凭借。

以上的讨论不应该鼓励我们以某种特殊的方法去给主题化空间或者实际的主题公园分类。事实上，对于附加在这些空间的意义的任何理解都尚未清晰。如我早先提到的那样，诟病这些作为当代城市风景畸变的主题化空间是容易的。然而，更有价值的是，去把这类空间作为一个意识形态过程的结果来加以思考，在这个过程中，公共空间已经被改变，我们将之与主题化空间相联系的那个公共空间在性质上已成为典型的私人空间，并且因此也构成了一个对个体与公共领域关系的重要的重估过程。公共领域同时既做出了让步也获得了活力，后者是这样一个世界的后果，这个世界中，消费者在热切地渴望这样一个领域所可能提供的体验（这与正在衰落的那个昔日的公共空间形成了对照）。因此，与那种多愁善感的、把一个几乎不存在的过去浪漫化做法相比，更有意义的事情就在于承认这些空间是非常流行的，而且，消费所提供的自由也是真实的，或者说，人们乐于接受这种自由，而不会计较它的各种缺陷。主题公园表明了一个消费社会的意识形态威力——它本身无论如何也不能解释的是，为什么这类消费空间能够同时被强烈反对和欣然接受。

第九章　结论：用于消费的空间，属于体验的场所

城市是一个让消费得以有效地最大化的单位。它被视为意识形态的一种物质呈现，只不过这种意识形态不是被强加的，而是倍受欣赏的。在本书中，我批判性地思考了城市最近的发展状况，它或隐或显地是由需求来决定的，或者至少是由把城市改造成一个服务驱动的实体这一公认的需求决定的，在这个实体中，形象和观念优先于经验和现实。隐含于本书的观点是，消费对于我们的城市经验和公民意识的影响极为广泛，以至于我们日常生活经验，尤其是公共生活的经验已被深深改变。至少在表面上，消费空间给消费者提供了满足需求和欲望的机会。在一个基本需求较之过去已经得到了更大的满足的世界里，消费逐渐超出了生理的需要，它作为一种自我实现方式的作用，越来越成为主要的方面，就如同城市成了一个能够让人们获得自我实现的舞台一样（Mullins et al.，1999）。然而，在这里具有讽刺意味的是，作为重申后工业城市合法性的一种手段而得以改善的城市的诱人景象，与那个城市的实际情况是根本不一致的。城市声称要去吸引的理想消费者，与占城市“当地”人口很大比例的财力有限的消费者也是很不

相同的。而且，消费所提供的东西和它所掩盖的东西，绝对不是同一个东西，正如克里斯托弗森（Christopherson，1994：409）所揭示的那样，“在表面之下，当代城市风景的显著品质不是活泼快乐而是约束，不是自发而是操控，不是互动而是隔离”。消费对于我们与城市联系方式的影响自然比上文的引述更加复杂。消费在意识形态方面的影响是深广的，而且，城市充当了意识形态的一个前台，它持续推动着欲望的生产。诚如斯克莱尔（2002：62）所表明的那样：

> 全球资本主义的文化—意识形态工程旨在劝诱人们不要只为满足生理的和其他的一般需要而消费，而且为了长久保持资本积累的私人收益，要去回应各种人为创造的欲望，换句话说，就是要确保资本主义全球体系永久运行。

这里主要关注的问题在于，在一个消费不再受时空约束的背景之下，地方的特殊性越来越受到侵蚀。萨克（1988）指出，消费经验的吊诡产生于这样一个过程，这就是不论消费者所在的公共客观空间在那里，他们都可以进入任何一个环境和空间去消费。市场迫使各个地方通过广告把自己说成是具有通用品质的，在这种情况下，地方的独一性遭到了破坏，所以，把城市作为一个被消费的地方贡献出来，这一后工业的义务也就意味着城市将不可避免地在一定程度上丧失它们自己的独特性（Sack，1988）。与此同时，城市的形象已经成为城市价码的基本要素，仿佛城市未来的乌托邦理想已经被一劳永逸地抛弃，诚如巴克-莫里斯（1995）指出的那样：

> ……乌托邦幻想是被隔离的，控制在主题公园的边界和旅游保护区之内，正像某些遭受生态威胁但尚未危及到生命的动物园里的动物一样。当它还被允许表达的时候，它采取了一种孩子气的方式——即使是在面对复杂对象的情况下——仿佛要去证明社

会空间的乌托邦已不能再被严肃看待；它们只是商业的冒险，仅此而已。(Buck-Morris，1995：26)

从这一观点来看，消费实际上可以被确认为当代资本主义的掩体：它为一种特殊的经济思路提供了生活的表白、体验的环境，也因此带有意识形态的辩解，这种经济思路继而带来了可怕的后果，它加深了公众的冷漠和社会的不平等。(参见 Mullins et al.，1999) 然而，关键问题是，我并不是说消费者在这个过程中是完全无能为力的被动的参与者，而是说消费主义作为“一种生活方式”的魅力和感染力是如此迷人并且被自然化了的，以至于消费者在这个过程中不可避免地成了同谋，与此同时，把城市当做消费空间的观念也变得合法化了。地方政府和议会被迫把他们的城市作为一个商业实体来振兴，而且，在根据一系列企业和公私关系进行的城市的市场化近进程中，也把他们自身变成了一个关键的演员。除了竞争没有别的选择，但是，这种别无选择创造出一个被市场的需求所驱动的城市，而不是一个被它的居民的需要驱动的城市。这进而造成了把城市当做一个被居民体验的地方与把城市作为一种被全国游客体验的商品之间的利益冲突 (Graham and Aurigi，1997)。

本书寻求的是对这样的一个城市进程的理解，在这个过程中，城市的明显解体以及通过消费的重新定义，已经伴随着工业的崩溃而发生。城市如今已是一个快速地并有计划地进行转换的地方，在这种转换中，同质化的生产和工业劳动已经被另一种不同种类的同质化所代替，“成品设计解决方案”在此既是管理工作也是美学创造，并且，其趋势就是要建构大型的、高度可管理的商业和消费环境 (Christopherson，1994)。城市主要充当了商品、服务和形象的容器，实际上，它成为了被大众消费品所确定的非地方 (non-places) 的一个集合 (Paolucci，2001)。于是，“在商品的地球村中，所有的大都市地区都分享了这种行为的同一种动力”(Paolucci，2001：651)，一个这样的环境就被创造出来了，它能让你消费商品的地方与对产品和服务本身的实际体验相比几乎变成了附属品。但是，一个消费驱动的城市并不是一个容易理解的城市，当然也不应该仅仅因为政治的原因而受到谴责。消费经验太吊诡、太具有相互矛盾的性质，以至于直截了当的政治批评显然是不够充分的。

就其本身性质而言，本书可以说是对消费社会的批判。它试图理解消费与城市之间分明显不可分割的关系性质。对许多人而言，构成本书基础的主要思路似乎将是缺乏希望的，并且在其中也没有为个体的能动作用留下任何余地。一些作者已经指出，消费者主动参与了消费空间，在参与的过程中也为另类的解读打开了这些空间，在这样的解读中，他们经验的意识形态性质就被置换掉了。视野更开阔、却也更复杂的分析可能更愿意以狂欢性的消费为焦点，这是一个逾越了道德规范消费世界，过度的享乐在这里被当做一种对付理性压抑的手段来追求，这种压抑是我们生活于其中的社会的特征（Presdee，2000）。从另一种观点来看，消费也并非完全是非理性的；它呈现的是一种社会性的形式，或者甚至如谢尔德（1992）所表示的那样，是一种团结的形式，消费空间的性质在这里是具有部落性的。一些作者更是趋于认为购物中心接近于被重新赋予了魔力的“乌托邦岛屿”，消费者在这里可以创造他们自己的魔幻世界。

> ……我们可以预见，未来的购物中心作为城市列岛中着色过浓并且有趣的“城中岛”，为消费者提供安全、自主（发电与空气压缩装置、电话网等等）以及日常生活环境的美学替代品。这些“岛屿”将会走向一个享乐的、具有精神价值的同时也是闲适的、友善的、充满幻影的预防性的社会，恐惧和死亡的观念在这里将是缺席的。(Badot and Filser，2007)

在上述背景下，消费者实际上能够怎样自主呢？在他们对大规模的主题化环境的讨论中，柯西涅特等人（Kozinets et al.，2004）认为，消费是一个辩证协商的过程。从这样的一种观点看，消费者有抵制的能力，但只是在一个有限的范围之内。他们可以不受支配，并且战术在一定程度上可以发挥作用，但是，在我们的物质环境中消费空间无所不在，它创造了一种让消费者的欲望受到优先对待的环境，所以消费空间通过消费的欲望而抓住了它的受众。柯西涅特等人（2004：671）指出，"通过消费幻想的折射，在一个形象驱动的文化中，消费者的能动作用可能已经变得不清晰了。然而，它变得不清晰却并不是因为消费者受骗了，或者说能动作用受到限制，而是因为他们（至少是他们中的一部分）受到了鼓舞或得到了满足"（Kozinets et al.，2004：671）。正是这种满足感，尽管本质上是不完整的，渗透了城市消费者的经验。他们没有受骗，但是，与柯西涅特等人（2004）的上述观点相反，他们至少是在某种意义上受到了限制，消费对消费者如何与他们生活的城市发生关系产生了一种不相称的影响。而且，借助于消费社会的特性，消费者实际上被从他们所渴望的存在状态中排除了出去。因此，从某种意义上说，所有的消费者都是有"缺陷的"（Bauman，1998）。我们中的大多数人被排除在显而易见的消费主义的喜悦之外，在很大程度上要归因于缺乏足够的财力这个根本的问题。而且，即使是那些有能力充分参与时尚生活消费的人，也绝不可能真正地到达完全满足的境地。满足感总是诱人于即得而未得之际。消费是社会性地分化的，但这种分化最终也没有绝对到断绝了提供机会和选择的地步。

消费强加给城市的要求已经对城市经验产生了深刻的影响，而且，正像海瓦德（Hayward，2004）等一些作者坚持的那样，这样一种影响的性质完全依赖特定城市的性格。但是，海瓦德的著作以及我在此处要提出的看法是，在城市的构建以及在消费者如何与城市建立关系方面，市场发挥了根本性的作用，城市实际上可以被视为消费主义意识形态的一种物质的与情感的表现。如海瓦德（2004）所提示的，这个认识对于我们如何理解城市以及如何与它的互动具有深刻意义。这里出现的挑战就在于如何去最佳地理解个人与消费空间的关系以及由此而如何介入公共领域，而不是滑落到对制造这一现状的文化的大而无当的讨伐之中。

消费与公共领域

在公共领域的振兴过程中，消费空间的作用引起了相当多的关注，就像我在本书中所论述的那样。诸如格拉汉姆和奥利吉（Graham and Aurigi，1994）等作者已经提出，公共领域已长期处于危机状态，被裹挟在当代资本主义私有化和商品化趋势之间，这种趋势进而强化了被社会性地分割和分化了的城市观念。米歇尔（1995：121）在他的著作也同样提出了这个问题，他质问我们是否“创造了一个只期盼和需要私人互动、私人交流和私人政治的社会，它只为商品化的消遣和景观保留了公共空间”。这种新的公共空间的严密控制的特性，以立法的方式禁止了其本身注定要对交换价值构成的威胁的不加约束的社会互动，也因此而杜绝了无家可归的政治激进分子（Mitchell，1995）。这进而造成了一种完美无缺的消费者高度同质化的公共景象，这也许是一种幻觉，这是一个诸事完美的环境，在这里，公共领域本身已经被贬低为商品的这一真相被隐藏起来了（Crilley，1993a；Mitchell，1995）。

上述情况反映了一场有关公共领域与公共空间之间关系的广泛论争。论争的一方认为，私人领域已经提升到如此地步，以至于公共领域实际上已经不复存在（Boyer，1993），这显示了哈贝马斯（1989）所关注的问题，即公共领域已因私人利益的兴起而受到限制，这个问题对代表公共意志和公共利益的国家权力构成了挑战，塞内特（1976）的论点是，现代个人主义的胜利在所谓的“公共性”领域已然是一个信心上的损失。在这种情境下，公共空间的意义实际上被掏空了，它所提供的自由在本质上只是抽象的。在塞内特（1977）看来，城市公民对个人知识和情感的追求就是对社会关系经验的防御（参见 Goheen，1998），因此，所有关于公共人格的概念都不过是一种幻想：

> 大体上说，一个社会只要某种程度上调动了自恋情绪，它就会被一种与游戏的表现性规则完全相反的表现原则控制。在这样一个社会里，策略和成规受到怀疑是再自然不过的事情。这个社会的逻辑后果就是这些文化工具的毁灭。它毁灭这些文化工具时，所用的名义是清除人们之间的障碍，给他们带来更紧密的团结，但它的成功只是在于把社会统治结构搬进了心理学术语。（Sennett，1977：336）

公共领域的私有化既是更广泛的社会和经济变革过程的象征，也是消费者与一个世界同谋关系性质的标志，这个世界限制了选择的空间却又同时声称扩展了它。与此同时，正如庞特尔（Punter，1990）所主张的那样，私有化过程已经对我们城市的公共领域产生了“有害的”效果。地方政府权力的侵蚀和私有财产日渐增强的影响以及短期利益与长期回报的负担，共同制造了一种环境，在这种环境里，“英国的城市在审美上、社会上和文化上已经变得一贫如洗，并且因它们设计的平庸、无生气和公共的恶劣条件而日渐区别于它们的欧洲同伴”（Punter，1990：9）。在庞特尔看来，这个过程是战后现代主义的规划、隔离、步行化当然也包括汽车霸权的后果。然而，起码在 20 世纪末的英国，真正的危害也许是左翼政治的支配地位造成的，它表现在保守党政府对经济开发区的引进和一种放任的规划管理制度，这些都是用来强化公共领域的私有化的，其后果也许是不可挽回的（Punter，1990）。这一过程进而强化了资本主义的社会逻辑，以至于市场语言与政治的语言分明已永远不可能超出它们的修辞意图而完全一致（Couldry，2004）。

政府自然已经把消费理解为一个释放的舞台。消费已经不可避免地与各种具有不同背景的政治、政党和意识形态有关，以至于消费者自由已经作为某种替代物而浮现。就如我在本书第七章中提到的那样，消费意识形态的强大吸引力也许在中国的改革过程中得到了最好的说明，给中国人民带来一定程度的真正变革。然而，消费自由似乎对个体具有如此的诱惑力，以至于对人类深层的需要几乎可以以自我实现名义而被推到一边。在一个不怎么引人注目的层面，英国的政治文化曾经把消费的特权视为一种民主的价值结构。伴随着近年来全球性的不景气，给市场保留了许多决定权的后果已经完全被理解为自食恶果。这也许已经在我们市中心如今的破旧不堪的景象中得到再好不过的证明，不考虑修辞层面的意义，它以镶边的店面为特色，为以下事实提供了可见的证明，这就是许多不具备宜人环境的城市根本不可能在全球舞台上参与竞争。与此同时，巩固了消费的政治意识形态基础的、有缺陷的逻辑也同样被某种观念得到了实证，这就是排名表为消费者提供了坚持自己选择的民主途径，当然，这是在他们的选择能力主要取决于他们既在经济资本又在文化资本方面获得准入资格的时候（Bourdieu，1979；Miles，1998）。但是，这些过程显现了博多克（Baldock，2003）曾经描述过的公共服务中的“公共性衰落”的问题，在这种情况下，作为一个公共社会成员的核心精神被冲淡了。庞特尔认为，赋予个人财富创造的道德重要性创造了这样一个环境，它让政府在一切公共性事务中的投入越来越减少。正像克拉克（Clarke，2004）指出的那样，新自由主义通过市场引入的私有观念，完全是与私人利益这类具有挑战性的观念相关的。这一切所造成的后果已经明显造成了“作为集体身份的公共领域的瓦解”（Clarke，2004：31）。

考察所有这些现象的一种方法就是要揭示出，资本主义的复杂性允许它通过消费去彻底改造公民身份，所以，消费就是要做出主动的选择，而不是去做一个被动的接收器。于是，在克拉克（2004）看来，消费者是一个经济学的发明，这个概念根据它的响应度和适应性把世界视觉化了。但是，对于选择的响亮宣示已不太能够让人相信它们确实存在。资本因而也是消费选择的逻辑正越来越具有危害性，以至于到了克里斯托弗森（1994）所说的那种地步，消费者-公民是根据自己在一系列商品中挑选的东西来界定的：只是去做私人性的选择，明显与公共后果无关。在这样的背景下，个体消费者的权利（因此也是个体对城市的体验）明显地优先于公共利益。根据这个模式，城市必须被构建为供一个理想的消费者去搜索的空间，因此，消费提供了某种公共利益的假象，实际上是在借这一举动来拒绝更广泛的社会正义（Christopherson，1994）。

“个体化”的城市

假如我们接受公共性在某种意义上正处于一个解体的过程这种观念的话，那么，个体的情况又是怎样呢？在第二章中，我曾讨论过个体化过程的影响，这是一种在社会断裂及其与消费经验关联度方面明显增长的现象。现在我愿意由此再深入一步，去考虑一下与社群形式的关系是如何被根据消费对于我们生活的影响来进行重新评估的。这是一个霍博尔（Hopper，2003）曾深入探讨过的问题，他坚持认为，晚期现代性的关键进程实际上正在以深广的规模破坏着现存的社会结构，这一进程的最终结果就是对个人主义的更大的鼓励。在霍博尔看来，消费社会的许多特征都可以说是对公共社群基础的破坏。从这一观点看，消费空间只为有意义的社会交往提供了有限的机会，而与此同时，完全是为了维持消费水平的行动导致了消费者为能付得起自己所交换的产品和服务，实际上不得不在工作地点花上越来越多的时间。在这种情况下，霍博尔认为，在一个关乎一切选择的成败得失的市场驱动的环境中，我们的行为越来越被算计。一个充满梦想因而也是不平等的消费社会很可能是一个制造分裂的社会，因为它就是这样被设计的。我们被鼓励去相信，满足完全是一个个人的计划：“与公民相比，消费者除了要对他们自己负责之外没有别的责任和义务”（Hopper，2003：69）。根据霍博尔的说法，上述进程因一个与后福特主义城市环境变革相关联的更广泛的行动而被进一步加剧，它致使城市的生活常常成为一种异化的、明显无意义的经验。

因此，这里要提出来的是一个同样被理弗金（2000）反复思考、论证的观点，这就是假如商业领域开始吞噬文化领域的话，这将是一个严重的危机，就像我早在第四章中讨论的那样，这样一来，那个使商业关系成为可能的社会基础就处在被毁灭的危险之中。换句话说，我们正在冒险通过商业之手来耗尽我们自己的文化。理弗金（2000：45）所说的商品化的游戏正在借助政府的功能失常而成为可能："在未来的几年中，将要面对的重大问题是，伴随着政府和文化领域的极大萎缩，并且只听任商业领域作为人类生活的主要调节者，文明还能否幸存下来。"鉴于市场驱动的公共领域需要付出这样一种潜在的重大代价，我们如何最好地对待这样一个情境？

用于消费的空间；属于未来的地方？

消费空间是值得特别关注的，这是因为它贯穿公共空间公和共领域概念，并且由此提供了一个新型的公共领域，但它却是一个公共性似乎无法涵盖的公共空间。消费空间直接的吸引力在于它们给消费者提供的体验，并且尤其在于它们对感官的刺激（Mullins et al.，1999）。消费空间就是穆林斯等人（1999）所描述的"第三空间"，而不是为了社交和其他形式社会接触把人们聚集在一起的家庭和工作空间。在这样的情况下，庞特尔（1990）指出，零售业、办公产业、仓储业和住宅开发行业可以说是深刻地感受到了私有化影响的主要领域。市场思维的广泛影响以及城市日益增长的投机性制造了这样的一种情势，对开发商、当选官员、金融机构和建筑设计师来说，唯一可能的反应似乎就是把公共性与私有市场合并起来（Zukin，1993）。经过这一过程，"先前有限性质的机构"，或者我选择作为消费空间来讨论的如宾馆、百货商场和博物馆等都演变成了令人辨不清方向的分域空间，各种类型的消费得以在其中发生（Zukin，1993）。因此，在思考20世纪晚期购物中心在城市风景中的权力时，庞特尔（1990：10）认为：

> 这些新的购物中心是容易辨识的，通过它们绝对的规模、通过它们以最小的外部高度显示出来的几乎是十足的内向性格，以及它们抛弃自己环境背景的方式，通过对非消费性的机会的几近彻底的排除，并且借助了完全内在的建筑幻想。

用这样一种方法，购物中心就像城市一样以它自己的方式运转，这是一个把消费的梦想标榜为一切的城市，同时又保持貌似真实的城市生活特点，它同时还排除了公共表达和社会团结的可能性（Backs，1997）。因此，理解购物中心的一种方式就是把它当做一个填补了家庭与公共空间之间缝隙的空间，所以，实际上没有必要根据我们过去的看法去理解这类空间。贝克斯（1997：12）指出，“购物中心，一个想象中美丽而又不适于居住的城市，满足了那些既想建造城市又想逃避城市的矛盾的欲望”。因此，购物中心实际上充当了一个实现各种可能性的空间：流溢着戏剧性的兴奋和一个被满足的消费者生活的诺言。但是，消费空间的“最低限度”的逃避主义也只能走到这里。消费空间为当代社会的公民提供了并不完整的归属感，只要作为一个公民，你首先并且最重要的是要去做一个消费者。因此，空间是强大的，但它们又似乎并未为因社会的目的而超越这个经济律令提供些许的可能。霍博尔还接着对克里斯托弗森（1994）的著作进行了研讨，克里斯托弗森指出，商品化了的城市必然会损害公共领域。诸如公园、学校和博物馆等如今普遍都被私有化了，并且，城市因此而正在承受着越来越不民主的管理模式。这种新兴的城市模式对街道作为公共舞台毫无疑问是持怀疑态度的。消费空间通常是与城市环境分离的，或者说甚至提供了对包围着它们的城市环境的逃避。在这里要首先要做就是在被我们所论及的消费空间的墙体所界定的舞台之内去占领消费者。

弗拉斯蒂（Flusty，2001）特别关注在上文中被称为“禁止的空间”的洛杉矶的公共空间问题，他认为这些空间都与那些除犯罪之外的空间控制手段有关，不过是在避免因为差别而不安定的社会接触。结果便产生了城市中的城市，在这个城中城之内，兴奋、刺激是被官方许可的，只不过是在一个无风险的环境范围之内。根据这一观点，城市的同质化过程并不是要建立一个可预测的环境，更多的是与清除城市另类存在的努力有关（Sorkin，1992b）。因此，个体主要通过自身作为消费者的角色而与城市发生联系。消费界定了城市风景，但它也同时界定了个体与风景的关系，以至于消费者除了参与到消费所推荐的逃避之中，此外难有其他作为。在庞特尔看来，这种情况形成了一个特别有限的公共领域。公共的、“综合型”的消费空间的建立通常是要以市中心周边的衰落为代价的。然而，庞特尔（1990）所引述的美国最高法院大法官瑟古德·马歇尔（Thurgood Marshall）早在1972年说的那段话，对这里所发生的一切可能仍然是最有效的：“当政府依赖私有企业时，公共财产就会因赞助私有财产而减少，公民与公民之间的交流就变得越来越困难。只有财富才能找到有效交流的可能性。”

因此，对许多批评者而言，问题就在于购物体验在许多人那里等同于城市体验（Christopherson，1994）。在一个消费社会里，公共空间越来越受到严密的控制和高度的监管。在这种条件之下，公共空间越来越受制于私有的准入规则，并且其本身也象征性地呈现了公共领域的局部性质，以及名义上代表国家与市民社会的一方与市场的另一方相互区别的方式（Low and Smith，2005）。公共空间实际上可以说是公共领域的空间化。正是在这个意义上，消费空间的作用对于我们作为市民如何与消费社会发生联系就显得如此的重要。正如拉乌与史密斯（Low and Smith，2005：15）曾指出的那样：

新自由主义的降临明显预示了向排他的新自由主义的18世纪

范式的回归，只不过是借助了21世纪的技术。它掩藏在相同的世界民主权利的借口之下，它融合了一个武断的、在国内已根深蒂固但基本上仍是跨国的资产阶级的特定利益……对公共空间的控制是新自由主义的核心战略。

在克里斯托弗森（1994）看来，现实的公民身份的形成已被逐渐地简化为一个消费者。消费者世界的这种模仿功能制造这样一种局面，它把政治利益分裂成越来越狭小的共同体，也因此损害了任何一种连贯的“社会理性”的繁荣。消费者感觉像一个公共生活中的公民，可是，那种生活是被跨国资本主义企业高度调控的，以至于与这个公民身份相关的意义分明不在他或她的掌控之中了。

因此，理解消费对城市影响的途径之一便是可以把它作为一个削弱了地方可辨识性的过程。博尔坦斯基与夏皮罗（Boltanski and Chiapello，2005）认为，当代资本主义增加了一定的脆性。就城市的物质布局而言，其中具有讽刺意味的是，通过消费而设计出来的“超级实用的”城市的日益增长的效率、功能和便利等特性，最终导致了偶然性遭遇和无规划的本真性的丧失，而正是这些塑造了我们的城市经验（Worthington，2006）。消费型城市是一个声称能够对需要新体验的消费者一方无法阻止的需求做出反应的城市，它们通过不断修正自己的原则以便使城市尽可能地保持新鲜感。消费者可能并不像这种分析所显示的那样是可预知的。因此，海杰尔与雷金多普（Hajer and Reijndorp，2001）认为，城市的消费者实际上找到了利用消费城市来达到自己目的的非常微妙的战略，以至于，比如说，他们可以遇见想遇到的人，避开不想见到的。因此，城市变成了一个“被围困的群岛”，在这里，个体是“对于所选中的可以作为自己城市的地方的同质化和可预测性是爱恨交织的，毕竟他们寻找的不是有意地提前安排好了的冒险和体验”（Hajer and Reijndorp，2001：60）。

海杰尔与雷金多普认为，城市空间仍然是为特定的行为做了预先安排的，在这种安排中它们不会容许有任何变化的机会，对这类变化，夸张一点说，城市至少是渴望的。因此，公共空间实际上已经受到了思想禁锢和暗中操纵，以至于消费空间只不过是被占领了，而不是以任何有生气的方式被激活了。消费者有一定程度的自由，但这种自由的性质则需靠自己来判断。我所说的消费空间和海杰尔与雷金多普指称的“现存集体空间”都是以这种方式运行的，它们与超越了自身范围的公共领域没有任何关系。消费型城市因此被说成是以无冲突的公共空间为特征的，空间变成完全实用性的，而不是具有创造性的，也因此构成了对公共领域的一个严重威胁。高斯（1993）因此争辩说，购物中心设法成为了一个公共的、市民的空间，纵然它是逐利的，却同时又刻意模糊它自己的资本主义本质。作为消费空间的一个范例，购物中心天然地具有吊诡的性质，这是一个奇幻的地方，它提供的如许之多，满足的却如此之少。购物中心因此而充当了一个典范性的消费空间，它是一个被高度科学操控的空间，它假装是它居民的想象的和奇思妙想的产物。

> 无论如何，我们最终必须认识到，我们体验为本真、商业和狂欢的怀旧，仅仅在于我们通过占有和使用我们自己的空间去集体创造意义的能力的丧失。当开发商可以为了满足这种怀旧去设计零售业的组合环境的时候，我们真正的愿望……是让共同体和空间从设计的有益运算中解放出来（Goss，1993：43）。

消费空间的悖论性质让我们感兴趣的不纯然在于我们作为消费者的角色，而且在于它们还满足某种情感的诉求。尽管它们不可能为我们提供我们所渴望的集体归属感，感觉到这些空间正试图去这么做，纵然是以局部的形式，这本身或许已足够了。另一种理解这些过程的方法是要借助利策尔（2005）去魅概念的透镜，他的看法是，我们已经创造了新的消费天堂，我们走向它的朝圣历程只是为了践履我们的宗教。就这一主题而言，这些消费空间提供了一种辽阔的感觉，消费者感觉到自己有了一种不同寻常的体验，同时也超越了时空的限制，比如，通过在快餐店用餐。这里的一个要点是，在更明确的消费空间和上文中提到的诸如公园、学校和博物馆等过去的商业设施之间的区别已经越来越模糊。而且，这些空间助长了一种局面，在这里消费者之间的相互接触很少，而更多的是与空间本身接触。这就是我所说的"共谋社群"，这是一个暗含了与公共领域联系的过程，却尚未通过个人的参与建立起那种联系，以至于集体经验是与消费意识形态一起，而不是与任何一个可见的同谋者一起产生的。在这里首要的问题是对消费行为的刺激，尤其是处在这个不景气的时期。从这个角度来看，消费行为的社会内涵不过是一种事后想法。消费空间促成了一种独特的存在处境，消费弥漫于我们的意识。消费空间可以说是深入强化这一过程的手段，因此，"使消费的新方法与众不同的是它们不只是帮助制造了这种思路，而且也为它提供了可以转化为行动的出路，其结果便是对想望中的商品和服务的购买"（Ritzer，2005：188）。

在对明显消亡的消费性城市的思考中，霍博尔（2003）提倡把推进一种更具公共精神的文化作为振奋地方共同体的手段。可是，这样一种观点可能低估了作为一种生活方式的消费主义的情感魅力（Miles，1998）。一种更具公共精神的文化是否能够在一个如此深切地受惠于市场作用的社会中产生真正的影响，这一点还是疑问重重的。另外一些评论者曾经试图提倡一种更积极的公民身份概念，让城市可以承担一个比它目前的状态更为积极和更少反动的角色。正如迪·西西奥（Di Ciccio，2007：14）相当忧郁所表述的：

> 环境是严酷的，并且真相惊人地粗暴。城市被市场建造，而我们带着便条簿站在周围，或者阴沉着脸谈论着我们可能做得更好或者什么可能是最坏的。但是危害已经造成。城市是对建筑的曲解，我们希望去做的一切就是去获得一种公共的审美能力，它

将让我们在建筑的墓碑中复活，并在公民身份的光照中使风景变得宜居可人。假如我们是幸运的，我们甚至可能在我们被财富生成的大镰完全收割之前将这些东西拆除。

迪·西西奥宣称，把市民的心脏用来与经济利益调情只是近来的情况，它以前并非如此。因此，便有了对“城市美学”的需求，根据这种美学标准，城市必须与市民梦想重新结盟，建筑必须依据其与市民梦想的相符或相违而进行评估（Di Ciccio，2007：16）。在迪·西西奥看来，当前的问题在于这样一个事实，这就是公共领域与私人领域的相互对抗。除了大量需要通过公共接触去实现的未能实现的愿望之外，我们还要寻求我们的私人生活给我们提供的保护，因此，“在一个背信弃义的时代，在一片失掉了信誉的体制风景中，公共领域是被犬儒主义所铭写的，直至最终死心塌地地向自私自利的全球精神投诚”（Di Ciccio，2007：41）。从这一观点出发，城市必须相信它自己是独一无二的，所以，“艺术家和市民变成了精神的创造者，艺术则成为了精神的标志……一个城市的伟大之处就表现在人民对他们的冒险、应对困难、相互分享、彼此交流能力的自信，而这一切在那些对行为准则和可预测性缺乏自觉的公民那里是难得一见的”（Di Ciccio，2007：20～21）。

如迪·西西奥所阐释的，这里的关键问题之一，也同样是贯穿本书的一个问题就是，金钱表明远见的观念，以及对竞争力的追求所造成的有损于城市性格的局面。从这一情况而言，就需要一种新的观念模式，我们可以透过可持续概念来进行考察，并把城市作为一个经营人类幸福的整体来看待。城市不只是一个实用性的空间，而且如潘纳罗萨（Penalosa，2007：318）所言，也是一个能让人类幸福可能实现的空间。因此，这个责任应该获得承认，一个成功的城市是建立在它的市民的热忱和人性戏剧的基础之上的，这是一个能让共同信任茁壮发展，能让一个人接受失败如同面对成功的环境。市场是否能对失败保持足够的宽容自然完全是另外一个问题。

在佐京（1993）看来，前进的道路在于“公共价值”的提升，所以，需要在关注风景中保持自然力量和社会力量之间最低限度的平衡。根据这一观点，城市的发展是要受到民主的控制的，在某种意义上，公共价值对市场权力作出了回应并且反映了地方的文化特点。因此，这里要强调的问题在于城市风景的文化约束的性质。根据佐京的说法，牢记市场是社会化的建构这一点是绝对重要的。那些负有改善我们城市责任的人可能容易忘记这样的事实，那就是城市不只是一个经济的整体。因此，自觉的演员可以在改善市场效果方面扮演一个角色。佐京坚持认为，公民身份的概念已经被消费者（也因此被所有权）概念取代了，只有把投入放在它的市民方面，放在一个能让市民在市场文化的发展方向上具有真正发言权的世界中，放在一个市场只是作为一种达到目的的手段而不是目的本身的世界中，社会才能继续进步。在她最近的著作中，佐京（1995）已经把公共性为自身所界定的公共与私人的边界放到优先考虑的位置。换句话说，对佐京而言，过分简化公共性与私人性概念是很容易的，这些概念实际上只是调解争议的结果（参见 Goheen，1998）。

鉴于上述的诸多问题以及消费过程本身必然受到调节这一事实，我们可能要发问，消费是否真的为市民身份提供了任何类型的根据，或者从另一方面说，这些根据本质上是否完全是不真实的。这个问题是博尔坦斯基与夏皮罗（2005）提出来的，他们坚持认为，新的资本主义精神寻求通过产品的多样化去满足本真性的生活方式的需要，并因此而颠覆了对大众生产的非本真性的指控。于是，消费者能够挑选和选择他们自己选中的消费生活方式。拉姆拉（Lamla，2009）指出，这一过程并不是没有代价的。我们生活于其中的消费的世界是一个选择的世界，某种意义上有更多的有待做出的选择，即使这些选择是在消费本身所确定的范围之内进行的。因此，许多原本是长期生涯和人生经历所拥有的确定性和期待被舍弃了，因为我们生活的这个世界似乎已被我们在持续的波动中能够维持一种身份的程度所界定（Lamla，2009）。消费似乎为这样一种困境提供了身份问题的解决方案，但是，消费看起来要把我们团结起来的方式与它设法去获得相反结果的方法是完全相同的。这就是库尔哈斯（2001：416）在他对垃圾空间的讨论中所强调的东西，它“创造出来的不是利益分享和自由合作的共同体，而是完全相同的统计学和不可避免的人口统计学，一种既得利益的机会主义编织体”。

结束语

那么，未来将会怎样呢？当然，似乎有一种强大的证据显示，从决策者如何构想我们的城市的角度，城市作为公共领域的职能，某种意义上受到了消费的支配地位的威胁，消费空间拥有社会权力却没有社会责任。这一过程的最终后果似乎就是这样一个世界的出现：我们只是在把地方当做消费的对象，而不是与之展开互动（Miles and Miles，2004）。而且，我们必须同时承认还有一个更大语境的存在，在这里，其他的选项和选择似乎正在出现。特别是，媒体在公共空间的建设中扮演了一个至关重要的角色，尤其是在视觉形象方面（Rees，2006）。一方面，如米歇尔（1995）所暗示，公共领域向电子传媒的迁徙强化了一种物质空间被民主政治的幽灵纯洁化的局面。在另一方面，它声称组合了一种社会分化的局面，在这里，不是每一个人都能接近那种出售给电子通讯消费者的网络技术。然而，在线共同体的出现给消费者带来了某种不同的东西，一种至少以同样的形式在别处也许是不可能获得的归属感，一种起码是增进了互动和人性内涵的新形式的归属感，这是消费空间所无法达到的。当城市争辩得越来越碎片化，并且，在它们自身已因此而不能去组织一种公共话语的时候，互联网呈现了虚拟共同体的可能性和民主共同体的希望（参见 Graham and Aurigi，1997）。

不考虑经济的起落，消费与消费空间的作用是不可能减少对我们与城市关系的影响的，当然是在一个近期的未来。但是，技术创新对我们可用的消费形式将仍然产生深刻影响。利策尔（2005）认为，尽管这种影响越来越短暂，消费的形式也越来越非物质化，尤其是在通过互联网的情况下，但我们依旧能够“展望”到一个未来，到那时，消费空间会变得前所未有的复杂，能出售帮助消费主义世界逐级上升的机器。还有一种可能性，这就是精美的表演将会变得如此普及，以至于它不再能令人震惊和给人快乐。而且，证据表明，消费社会将总会找到一种自我振兴的道路和方法，并且，消费空间也无疑将在那个振兴过程中发挥重要的作用，因为消费者本人有体验消费的需要。

一个消费社会遭受的某种突然的变化，包含了一个同样重要的对社会学家在理解这些过程方面的作用的重新评价。这里的关键在于，对理解消费的理解，实际上也就是在一个情感语境中去理解同消费空间的关系。重要的社会学问题并未把重心放在“不好的”事情为何如此明显地依赖消费所能够或不能带来的快乐，而不是相反地去关注消费为何能够如此有效地利用我们的情感。为什么消费能够以这样的一种方式引起个体消费者的兴趣？它提供的是一种新型的消费驱动的归属感，它似乎运行于幸福的顶点，却并没有得到这种幸福。各类作者都曾试图理解消费如何以这种方式把消费者带到了一起。比如，阿诺尔德与普莱斯（Arnould and Price，1993）谈到了共同体在消费者之间演进的状况（Turner，1969），这是一种令消费者在感情上产生对共同体验的依恋的团体献身的感觉。消费的这种公共魅力基于一种个人主义的冲动，并因此而呈现令人费解的特征，某种意义上，它存在于让社会学家感到难以应对的区域，鉴于消费者在坚持个性这样一种需要和感受归属感的愿望之间四处碰壁的矛盾的经验，这就造成了一种环境，它让“批判理论”的适用区域在最宽泛的意义上也不再能够掌控得住局面。

因此，消费空间是一个复杂微妙的实体，它似乎把个体对消费经验的控制最大化了（比如，通过个体与技术的关系），而与此同时，在更一般的意义上也分明减低了个体对空间和地点的控制。消费经验无疑是被高度策划的，可是，更有意思的是，消费者在某种程度上是这场演出中的合谋，消费者对这一空间的表演性的介入可能以他们自己的方式制造了一种本真性（参见 Cohen，1988。柯亨的著作在本书第四章曾被深入讨论过），控制的缺失不应该把我们引向这样的结论，这就是个体消费者之所以没有权力，仅仅是因为自身逃进了那个表演性的瞬间。相反，消费者正在被卷入一种把选择和自由概念放在首位的文化，这是一些无疑比环绕着它们的修辞所显示的内容显示更为缺乏创见的概念，但是，我们作为社会的解释者仍然有必要去接触这些现象，在这种情况下，消费者与这个自由世界的联系在他们的日常生活中可能有所表现，也可能未被表现出来。我在第八章中讨论过的佛罗里达州的庆典就是这一过程发生作用的一个极端的例子：为了享受一个环境可能给他们带来的成果，居民们做好准备并且自愿地在一定程度上牺牲他们自己生活的权力，对他们而言，这就是对他们私人的需要所做出的反应。

当然，对消费的政治批评主要以这一事实为基础的，这就是消费被理解为一种异化的、个体化的经验。这个甚至是有些暧昧的肯定意味的概念可能来自这样的情况，这就是消费经验对一些人来说是不舒服的经验，他们对分明是由“自由的”市场为个体所确定的社会经验持一种“原则性的”立场。传记的越来越具有个性化的特质自然挑战了社会学家理解社会世界的方式。这种出现在一个让个体越来越自我做主的世界里的新公社类型必然是不完整的，并且是一个明显通过左翼批评家以缺乏严肃性的气势强烈反对的那种机制复制出公共性。如同萨克（1992）在上文中所指出的那样，消费的世界是一个摆脱了约束（尽管可能在近些年伴随着日渐高调的围绕可持续性展开的公开论争而有所减少）的世界，其结果是社会责任的限度似乎已日渐模糊了。个体带着一种对于他们所在地方在更广大的世界中所处位置的总体的不确定感，使消费的自由与一个世界所隐含的约束保持平衡，在这个世界中选择权是由消费决定的。消费空间在所有的这些不确定性中提供了一种具有物质可见度的确定性，在一个需要用消费的能力去争取公民资格的世界里，这也算是一种归属感。而且，“后消费”概念在一个特定的语境里只有有限的价值，在这个语境里，看起来是具有进步意义的消费模式的变革，只不过是有助于扩大间接的、实际上是共谋性的消费能力的范围，在一个发达的世界中，这对人类生存是非常重要的。

消费空间超出了公共性和私人性概念并为个体提供了一种自我管理和控制。因此，正如阿诺尔德与普莱斯（1993）暗示的那样，无论有多少批评家可能会对消费施以当代文化的影响感到不舒服，消费确实是明显地给消费者提供了一种自我结晶化的手段，尽管只是部分的。换句话说，消费的经验对个体而言经常被体验为积极的经验，因为个体不考虑可能被归咎于巩固了消费基础的这些过程的政治异议。人们享受对消费空间的造访，并且，他们根据这种经验提供的机会来做出时间安排。消费空间给后工业城市提供了表达它未来意图的生动形式。消费空间在不安定的当下为个体提供一个立足之处，与此同时，它还向未来发出了信息。而且，消费空间在城市风景中的视觉呈现反映了这样一种局面，在这里，让最近的经济气候给人以同时代的感受，这完全是城市义不容辞的责任。相应地，去理解这些感受对那些别无选择地生活在城市里的个体可能实际上意味着什么，这也是社会学家义不容辞的责任，这些人可能感受到，也可能没有感受到，城市正在被从他们的脚下拿走。

了解隐藏在消费经验背后的意义，无视包含在一个消费社会之内的明显的权力不平衡，这明显是不符合潮流的，至少是就社会学规范而言，也从未曾这样去做。当然，即使要去理解人们的消费和快乐的原因，也是一个相当大的挑战，这些快乐是他们从一个并不是明显以结构性约束为特征的社会中获取的。我们生活在这样的一个社会，它至少在修辞的意义上增进了个体的自由，就此而言，我们渴望能像个体那样去理解自身的经验。正视这种通过消费建立起来的个体与城市关系的复杂的社会心理面向是社会学家义不容辞的责任，这些问题也隐含在诸如塞内特（1977）等人的著作之中。当然，消费者在某种意义上是被控制的，然而，他们又是怎样面对这些据说是决定了他们与消费社会日常接触的控制的呢？消费空间对于那些声称它们是属于他们自己的那些人来说一定是有意义的吗？（Wood，2009）艾伦·托兰（Alain Touraine，1988：104～105）指出，“让我们从现在起改变我们的观点，并把我们自己放到那些生活在这个社会、体验着这个社会的人的位置上，尤其是那些在产业的层面，表现得更像消费者，而不是像与之相关的生产者的人”。这些明显存在于托夫勒（Toffler，1970）所说的：“交流的社会”的选择机会在某种意义上是真实的，它们被人体验并且对那些感觉到他们在做出这样的选择的人是有吸引力的，事实上：

> 社会学的任务就是要去突破没有活力的系统和堕落的意识形态，尽可能突破纯粹个人主义的幻觉和对颓废的迷恋，以便于把演出者鲜明地呈现出来，并让他们的声音被人们听到。因此，社会学家应该让他们的分析远离一个社会自己持有的话语，并且让自己的工作紧密地接近情感、梦想以及所有那些假定的演员生命的创伤，但是，因为意识形态和政治组织的形式远远落后于真实的当代实践、观念和感受，这些创伤又不被人承认。（Touraine，1988：18）

消费空间不只是把消费的机会最大化了，它们给我们提供了空间，让我们在其内部去协商自己与消费社会的象征性关系。消费空间实际上是情感、梦想和消费社会的创伤在其中展开的场地。这个场地最令我们感兴趣的不是它向我们道出了毫无疑问的构成了消费社会基础的权力不平衡的真相。消费空间令人着迷的地方在于这样一个事实，它们展现了一种思路的物质表现形式，在这里，尚未实现的消费欲望已经开始限定当代消费社会中的结构与能动性关系的性质。消费者是同谋。消费者的同谋性质确实构成了消费空间建立的基础。消费空间是消费的意识形态支配地位被展开的舞台。演员，事实上的消费者，无论如何也不应该被误判为是在以自己的方式伴着消费社会业已选定的旋律快乐地舞蹈。

参考书目

Aldridge, A. (2005) *The Market*. Cambridge: Polity Press.

Arantes, O., Vainer, C. and Maricato, E. (2000) *A Cidade do Pensamento Unico*. Rio de Janeiro: Vozes.

Arnould, E. and Price, L. (1993) 'River magic: extraordinary experience and the extended service sector', *Journal of Consumer Research*, 20, 24–45.

Augé, M. (1995) *Non-Places: Introduction to an Anthropology of Super-Modernity*. London: Verso Books.

Backes, N. (1997) 'Reading the shopping mall city', *Journal of Popular Culture*, 31 (3): 1–17.

Badot, O. and Filser, M. (2007) 'Re-enchantment of retailing: toward utopian islands', in A. Cari and B. Cova (eds) *Consuming Experience*, pp. 34–47. London: Routledge.

Baldock, J. (2003) 'On being a welfare consumer in a consumer society', *Social Policy and Society*, 2 (1): 65–71.

Balfour, A. (2004) 'Epilogue', in A. Balfour, and Z. Shiling *World Cities: Shanghai*, pp. 360–2. London: Wiley-Academy.

Balfour, A. and Shiling, Z. (2002) *World Cities: Shanghai*. London: Wiley-Academy.

Bauman, Z. (1998) *Work, Consumerism and the New Poor*. Buckingham: Open University Press.

Bauman, Z. (2001) 'Forward', in U. Beck and E. Beck-Gernsheim (eds) *Individualization*, pp. xiv–xix. London: Sage.

Bauman, Z. (2007) *Consuming Life*. Cambridge: Polity Press.

Beck, U. and Beck-Gernsheim, E. (eds) (2001) *Individualization*. London: Sage.

Begout, B. (2003) *Zeropolis: The Experience of Las Vegas*. London: Reaktion.

Bélanger, A. (2000) 'Sport venues and the spectacularization of urban spaces in North America: the case of the Molson Center in Montreal', *International Review for the Sociology of Sport*, 35 (3): 378–97.

Bell, D. and Jayne, M. (2004a) 'Afterword: thinking in quarters', in D. Bell and M. Jayne (eds) *City of Quarters: Urban Villages in the Contemporary City*, pp. 249–55. Aldershot: Ashgate.

Bell, D. and Jayne, M. (2004b) 'Conceptualizing the city of quarters' in D. Bell and M. Jayne (eds) *City of Quarters: Urban Villages in the Contemporary City*, pp. 1–15. Aldershot: Ashgate.

Benedikt, M. (2007) 'Less for less yet: on architecture's vale(s) in the marketplace', in W.S. Saunders (ed.) *Commodification and Spectacle in Architecture*, pp. 8–21. London: University of Minnesota Press.

Benjamin, W. (1970) *Illuminations*. London: Fontana.
Benjamin, W. (2002) *The Arcades Project*. Harvard: Harvard University Press.
Bergen, A. (1998) 'Jon Jerde and the architecture of pleasure', *Assemblage*, 37: 8–35.
Blum, A. (2003) *The Imaginative Structure of the City*. London: McGill Queen's University Press.
Boltanski, L. and Chiapello, E. (2005) *The New Spirit of Capitalism*. London: Verso.
Boorstin, D.J. (1987) *The Image: A Guide to Pseudo-Events in America*. New York: Vintage.
Borrie, W.T. (1999) 'Disneyland and Disney World: constructing the environment, designing the visitor experience', *Society and Leisure*, 22 (1): 71–82.
Bourdieu, P. (1979) *Distinction: A Social Critique of the Judgement of Taste*. London: Routledge, Kegan and Paul.
Bowlby, R. (2000) *Carried Away: The Invention of Modern Shopping*. London: Faber and Faber.
Boyer, M. (1992) 'Cities for sale: merchandising history at South Street Seaport', in M. Sorokin (ed.) *Variations on a Theme Park: The New American City and the End of Public Space*, pp. 181–204. New York: Hill and Wang.
Boyer, M. (1993) 'The city of illusion: New York's public places', in P. Knox (ed.) *The Restless Urban Landscape*, pp. 111–126. Englewood Cliffs, NJ: Prentice Hall.
Bradley, A., Hall, T. and Harrison, M. (2002) 'Selling cities: promoting new images for meeting tourism', *Cities*, 19 (1): 61–70.
Braudel, H. (1974) *Capitalism and Material Life, 1400–1800*. New York: Harper & Row.
Bridge, G. and Watson, S. (2000) 'City imaginaries', in G. Bridge and S. Watson (eds) *A Companion to the City*, pp. 7–18. Oxford: Blackwell.
Brill, M. (2001) 'Problems with mistaking community life for public life', *Place*, 14 (2): 48–55.
Broudehoux, A.-M. (2004) *The Making and Selling of Post-Mao Beijing*. London: Routledge.
Broudehoux, A.-M. (2007) 'Delirious Beijing: euphoria and despair in the Olympic metropolis', in M. Davis and D.B. Monk (eds) *Evil Paradises: Dreamworlds of Neoliberalism*, pp. 87–101. London: New Press.
Bryman, A. (1999) 'Theme parks and McDonaldization', in B. Smart (ed.) *Resisting McDonaldization*, pp. 101–15. London: Sage.
Bryman, A. (2004) *The Disneyization of Society*. London: Sage.
Buck-Morris, S. (1989) *The Dialectics of Seeing: Walter Benjamin and the Arcades Project*. Cambridge, MA: MIT Press.
Buck-Morris, S. (1995) 'The city as dreamworld and catastrophe', *October* 73 (Summer): 3–26.

Campbell, C. (1987) *The Romantic Ethic and the Spirit of Modern Consumerism*. London: WileyBlackwell.
Carriere, J.-P. and Demaziere, C. (2002) 'Urban planning and flagship development projects: lessons from EXPO 98, Lisbon', *Planning, Practice and Research*, 17 (1): 69–79.
Castells, M. (1994) 'European cities, the informational society and the global economy', *New Left Review*, 29–30: 204.
Chaplin, S. and Holding, E. (1998) 'Consuming architecture', *Architectural Design Profile* No. 131: 7–9.
Chatterton, P. and Hollands, R. (2003) *Urban Nightscapes: Youth Cultures, Pleasure Spaces and Corporate Power*. London: Routledge.
Christopherson, S. (1994) 'The fortress city: privatized spaces, consumer citizenship', in A. Amin (ed.) *Post-Fordism: A Reader*, pp. 409–27. Oxford: Blackwell.
Chtcheglov, I. (2006) *Formulary for a New Urbanism*, Available at: http://library.nothingness.org/articles/SI/en/display/1 [accessed 1 July 2009].
Clarke, J. (2004) 'Dissolving the public realm? The logics and limits of neoliberalism', *Journal of Social Policy*, 33 (1): 27–48.
Close, P., Askew, O. and Xu, X. (2007) *The Beijing Olympiad: The Political Economy of a Sporting Mega-Event*. London: Routledge.
Cohen, E. (1988) 'Authenticity and commoditization in tourism', *Annals of Tourism Research*, 15: 371–86.
Cohen, E. (1989) 'Primitive and remote: hill tribe trekking in Thailand', *Annals of Tourism Research*, 16: 30–61.
Coleman, P. (2004) *Shopping Environments: Evolution, Planning and Design*. London: Architectural Press.
Coonan, C. (2006) 'Welcome to China's Thames Town', Monday 14 August, Available at: www.independent.co.uk/news/world/asia/welcome-to-chinas-thames-town-411856.html [accessed 28 July 2009].
Corrigan, P. (1997) *The Sociology of Consumption*. London: Sage.
Couldry, N. (2004) 'The productive "consumer" and the dispersed "citizen"', *International Journal of Cultural Studies*, 7 (1): 21–32.
Craik, J. (1997) 'The culture of tourism', in C. Rojek and J. Urry (eds) *Touring Cultures: Transformations of Travel and Theory*, pp. 113–36. London: Routledge.
Crawford, M. (1992) 'The world in a shopping mall', in M. Sorokin (ed.) *Variations on a Theme Park*, pp. 3–30. New York: Hill and Wang.
Crawford, M., Klein, N.M. and Hodgett, C. (1999) *You Are Here: The Jerde Partnership International*. London: Phaidon Press.
Crilley, D. (1993a) 'Architecture as advertising; constructing the image of advertising', in G. Kearns and C. Phillo (eds) *Selling Places: The City as Cultural Capital, Past and Present*, pp. 231–52. Oxford: Pergamon Press.
Crilley, D. (1993b) 'Megastructures and urban change: aesthetics, ideology and design', in P. Knox (ed.) *The Restless Urban Landscape*, pp. 127–63. Englewood Cliffs, NJ: Prentice Hall.

Damer, S. (1990) *Glasgow for a Song*. London: Lawrence and Wishart.
Davis, M. (2007 'Sand, fear and money in Dubai', in M. Davis and D.B. Monk (eds) *Evil Paradises: Dreamworlds of Neoliberalism*, pp. 48–68. London: New Press.
Davis, M. and Monk, D.B. (2007) 'Introduction', in M. Davis and D.B. Monk (eds) *Evil Paradises: Dreamworlds of Neoliberalism*, pp. ix–xvi. London: New Press.
Davis, S. (1996) 'The theme park: global industry and cultural form', *Media, Culture and Society*, 18 (3): 399–422.
Davis, S. (1997) *Spectacular Nature: Corporate Culture and the Sea World Experience*. London: University of California Press.
Davis, S. (1999) 'Space jam: media conglomerates build the entertainment city', *European Journal of Communication*, 14: 435–59.
Dayan, D. (2008) 'Beyond media events: disenchantment, derailment, disruption', in M.E. Price and D. Dayan (eds) *Owning the Olympics: Narratives of the New China*, pp. 391–409. Ann Arbor, MI: University of Michigan Press.
Debord, G. (1995) *Society of the Spectacle*. New York: Zone Books.
Degen, M. (2004) 'Barcelona's games: the Olympics, urban design, and global tourism', in M. Sheller and J. Urry (eds) *Tourism Mobilities, Places to Play, Places in Play*, pp. 131–42. London: Routledge.
De Lisle, J. (2009) 'After the gold rush: the Beijing Olympics and China's evolving international roles', *Orbis*, 53 (2): 279–304.
De Tocqueville, A. [1850] (1988) *Democracy in America*, 13th edition. New York: Harper Row.
Di Ciccio, P.G. (2007) *Municipal Mind: Manifestos for the Creative City*. Toronto: Mansfield Press.
Donald, J. (1999) *Imagining the Modern City*. London: Athlone.
Dovey, K. (1999) *Framing Places: Mediating Power in Built Form*. London: Routledge.
Dungey, J. (2004) 'Overview: arts, culture and the local economy', *Local Economy*, 19 (4): 411–13.
Eisenger, P. (2000) 'The politics of bread and circuses: building the city for the visitor class', *Urban Affairs Review*, 35: 316–33.
Evans, G. (2001) *Cultural Planning: An Urban Renaissance*. London: Routledge.
Evans, G. (2003) 'Hard-branding the cultural city – from Prado to Prada', *International Journal of Urban and Regional Research*, 27/2 (June): 417–40.
Farndon, J. (2008) *China Rises*. London: Virgin.
Featherstone, M. (1991) *Consumer Culture and Postmodernism*. London: Sage.
Ferreira, A.M. (1998) 'World Expo's', in L. Trigueiros and C. Sat with C. Oliveira (eds) *Architecture Lisboa EXPO'98*, pp. 9–12. Lisbon: Blau.
Firat, A. and Venkatesh, A. (1993) 'Postmodernity: the age of marketing', *International Journal of Research in Marketing*, 10 (3): 227–49.

Florida, R. (2002) *The Rise of the Creative Class*. New York: Basic Books.
Flusty, S. (2001) 'The banality of interdiction: surveillance, control and the displacement of diversity', *International Journal of Urban and Regional Research*, 23 (3): 658–64.
Fong, M. (2008) 'Building the new Beijing: so much work, so little time', in M. Worden (ed.) *China's Great Leap: The Beijing Games and Olympian Human Rights Challenges*, pp. 171–79. London: Seven Stories Press.
Frieden, B. and Sagalyn, L. (1990) *Downtown Inc.: How America Rebuilds Cities*. London: MIT Press.
Fuller, G. and Harley, R. (2005) *Aviopolis: A Book About Airports*. London: Black Dog.
Garcia, B. (2005) 'Cultural policy and urban regeneration in Western European cities: lessons from experience, prospects for the future', *Local Economy*, 19 (4): 312–26.
Gibson, C. and Klocker, N. (2005) 'The "cultural turn" in Australian regional economic development discourse: neoliberalising creativity?', *Geographical Research*, 43 (1): 93–102.
Goheen, P.G. (1998) 'Public space and the geography of the modern city', *Progress in Human Geography*, 22 (4): 79–96.
Gomez, M.V. (1998) 'Reflective images: the case of urban regeneration in Glasgow and Bilbao', *International Journal of Urban and Regional Research*, 22 (1): 106–21.
Goodwin, M. (1997) 'The city as commodity: the contested spaces of urban development', in G. Kearns and C. Philo (eds) *Selling Places: The City as Cultural Capital, Past and Present*, pp. 145–62. Oxford: Pergamon Press.
Gordon, A. (2008) *Naked Airport: A Cultural History of the World's Most Revolutionary Structure*. Chicago: Chicago University Press.
Goss, J. (1993) 'The "magic of the mall": an analysis of form, function, and meaning in the contemporary retail environment', *Annals of the Association of American Geographers*, 83 (1): 18–47.
Gotham, K.F. (2005) 'Theorizing urban spectacles: festivals, tourism and the transformation of urban space', *City*, 9 (2): 225–46.
Gottdiener, M. (1995) *Postmodern Semiotics*. Oxford: Blackwell.
Gottdiener, M. (2001) 'The consumption of spaces and the spaces of consumption', in M. Gottdiener, *New Forms of Consumption: Consumer, Culture and Commodification*, pp. 265–86. Lanham, MD: Rowman and Littlefield.
Gottdiener, M. (2001) *The Theming of America*, 2nd edition. Boulder, CO: Westview.
Goulding, C. (1999) 'Contemporary museum culture and consumer behaviour', *Journal of Marketing Management*, 15 (7): 647–71.
Graham, A. and Aurigi, S. (1997) 'Virtual cities, social polarization, and the crisis in urban public space', *Journal of Urban Technology*, 4 (1): 19–52.
Graham, B. (2002) 'Heritage as knowledge: capital or culture?', *Urban Studies*, 39 (5–6): 1003–17.

Gratton, C. and Roche, M. (1994) 'Mega-events and urban policy', *Annals of Tourism Research*, 21 (1): 1–19.
Gratton, C., Shibli, S. and Coleman, R. (2005) 'Sport and economic regeneration in cities', *Urban Studies*, 42 (5/6): 985–99.
Greco, C. and Santoro, C. (2008) *Beijing: The New City*. Milan: SKIRA.
Gruen, V. and Ketchum, M. (1948) *Chain Store Age*. July, LoCVGP.
Habermas, J. (1989) *The Structural Transformation of the Public Sphere: An Inquiry into a Category of Bourgeois Society*. Cambridge, MA: MIT Press.
Hajer, M. and Reijndorp, A. (2001) *In Search of New Public Domain*. Rotterdam: NAi.
Hall, C.M. (1997) 'Geography, marketing and the selling of places', *Journal of Travel and Tourism Marketing*, 6 (3/4): 61–84.
Hall, T. and Hubbard, P. (1998) *The Entrepreneurial City: Geographies of Politics Regime and Representation*. Chichester: John Wiley.
Hannigan, J. (2003) 'Symposium on branding, the entertainment economy and urban place building: Introduction', *International Journal of Urban and Regional Research* 27(2): 352–60.
Hannigan, J. (2005) *Fantasy City: Pleasure and Profit in the Postmodern Metropolis*. London: Routledge.
Harvey, D. (1989) *The Condition of Postmodernity: An Enquiry into the Origins of Social Change*. Cambridge, MA: Blackwell.
Harvey, D. (2008) 'The right to the city', *New Left Review*, 53: 23–40.
Hayward, K. (2004) *City Limits: Crime, Consumer Culture and the Urban Experience*. London: Glasshhouse Press.
Herman, D. (2001a) 'High architecture', in *Harvard Design School Guide to Shopping*, pp. 390–401. London: Taschen.
Herman, D. (2001b) 'Three-ring circus: the double-life of the shopping architect', in *Harvard Design School Guide to Shopping*, pp. 737–47. London: Taschen.
Herwig, O. and Holzherr, F. (2006) *Dream Worlds: Architecture and Entertainment*. London: Prestel.
Hetherington, K. (2007a) 'Manchester's urbis: urban regeneration, museums and symbolic economies', *Cultural Studies* 4/5: 630–49.
Hetherington, K. (2007b) *Capitalism's Eye: Cultural Spaces of the Commodity*. London: Routledge.
Hill, J. (2002) *Sport, Leisure and Culture in Twentieth Century Britain*. Basingstoke: Palgrave.
Hobbs, D., Lister, S. Hadfield, P., Winslow, S. and Hall, S. (2000) 'Receiving shadows: governance and liminality in the night-time economy', *British Journal of Sociology*, 51: 701–17.
Hochschild, A.R. (2003) *The Commercialization of Intimate Life: Notes from Home and Work*. Berkeley: University of California Press.
Hom, S. (2008) 'The promise of a "people's Olympics"', in M. Worden (ed.) *China's Great Leap: The Beijing Games and Olympian Human Rights Challenges*, pp. 59–72. London: Seven Stories Press.

Hopper, P. (2003) *Rebuilding Communities in an Age of Individualism*. Aldershot: Ashgate.
Horkheimer, M. and Adorno, T. (1973) *The Dialectic of Enlightenment*. London: Verso.
Horne, J. and Manzenreiter, W. (2006) 'An introduction to the sociology of mega-events', in J. Horne and W. Manzenreiter (eds) *Sports Mega-Events: Social Scientific Analysis of a Global Phenomenon*, pp. 10–24. Oxford: Blackwell.
Huang, T.-Y.M. (2004) *Walking Between Slums and Skyscrapers: Illusions of Open Space in Hong Kong, Tokyo and Shanghai*. Hong Kong: Hong Kong University Press.
Hubbard, P. (2006) *City*. London: Routledge.
Hubbard, P. and Hall, T. (1998) 'The entrepreneurial city and the "new urban politics"', in T. Hall and P. Hubbard *The Entrepreneurial City: Geographies of Politics, Regime and Representation*, pp. 1–23. Chichester: John Wiley.
Huxtable, A.L. (1997) *The Unreal America: Architecture and Illusion*. New York: The New Press.
Iritani, E. (1996) 'A mall master takes over the world', *Los Angeles Times*, 5 July: A-1–A-17.
Isin, E. and Wood, P. (1999) *Citizenship and Identity*. London: Sage.
Iyer, P. (2001) *The Global Soul: Jet-Lag, Shopping Malls and the Search for Home*. London: Bloomsbury.
Jacobs, J. (1961) *The Death and Life of Great American Cities*. New York: Random House.
Jayne, M. (2004) 'Culture that works?', *Capital and Class*, 84: 199–210.
Jencks, C. (2006) 'The iconic building is here to stay', *City*, 10 (1): 3–20.
Jerde, J. (1998) 'Capturing the leisure zeitgeist: creating places to be', in *Consuming Architecture*, pp. 68–71. London: Architectural Design.
Jones, P. (2009) 'Putting architecture in its social place: A cultural political economy of architecture', *Urban Studies* 46 (12): 2519–36.
Jones, P. (2010) *The Sociology of Architecture*. Liverpool: Liverpool University Press.
Jones, K.R. and Wills, J. (2005) *The Invention of the Park: From the Garden of Eden to Disney's Magic Kingdom*. Cambridge: Polity Press.
Jones, P. and Evans, J. (2006) *Urban Regeneration in the UK*. London: Sage.
Jones, P. and Wilks-Heeg, S. (2004) 'Capitalising culture: Liverpool 2008', *Local Economy*, 19 (4): 341–60.
Judd, D.R. (2003) 'Building the tourist city: editor's introduction', in D.R. Judd (ed.) *The Infrastructure of Play: Building the Tourist City*, pp. 3–16. Armonk, NY: M.E. Sharpe.
Judd, D.R and Fainstein, S.S. (1999) *The Tourist City*. New Haven, CT: Yale University Press.
Kavaratzis, M. (2004) 'From city marketing to city branding: towards a theoretical framework for developing city brands', *Place Branding*, 1 (1): 58–73.

Kellner, D. (2003) *Media Spectacle*. London: Routledge.
Kirshenblatt-Gimblett, B. (1998) *Destination Culture: Tourism, Museums and Heritage*. London: University of California Press.
Klein, M. (1999) 'Electronic baroque: Jerde cities', in M. Crawford, M. Klein and C. Hodgett (eds) *You Are Here: The Jerde Partnership International*, pp. 112–21. London: Phaidon Press.
Klingmann, A. (2007) *Brandscapes: Architecture in the Experience Economy*. London: MIT Press.
Koolhaas, R. (2001) 'Junkspace', in *The Harvard Design School Guide to Shopping*, pp. 408–21. London: Taschen.
Koolhaas, R. (2008) 'In search of authenticity', in R. Burdett and D. Sudjic (eds) *The Endless City*, pp. 320–3. London: Phaidon.
Kotler, P. (1993) *Marketing Places: Attracting Investment, Industry and Tourism to Cities, States and Nations*. New York: Free Press.
Kozinets, R., Sherry, J., Storm, S., Duhachek, A., Nuttavuthisit, K. and Deberry-Spence, B. (2004) 'Ludic agency and retail spectacle', *Journal of Consumer Research*, 31 (3): 658–72.
Kracauer, F. (1994) *Uber Arbeitsnachweise: Knostruktion eines Raumes* [1930]. Reprinted in *Die Tageszeitung* (Berlin) 30 April: 37.
Kracauer, S. (1995) *The Mass Ornament*. Harvard: Harvard University Press.
Kroker, A. and Cook, D. (1989) *The Postmodern Scene*. New York: St. Martin's Press.
Krugman, P.R. (1996) 'Making sense of the competitiveness debate', *Oxford Review of Economic Policy*, 12: 17–25.
Kunstler, J.H. (1993) *The Geography of Nowhere*. London: Simon and Schuster.
Laenen, M. (1989) 'Looking for the future through the past', in E.D. Uzzell (ed.) *Heritage Interpretation, Vol. 1*, p. 329. London: Belhaven Press.
Lamla, J. (2009) 'Consuming authenticity: a paradoxical dynamic in contemporary capitalism', in P. Vannini and J.P. Williams (eds) *Authenticity in Culture, Self and Society*, pp. 172–85. Aldershot: Ashgate.
Landry, C. (2006) *The Art of City Making*. London: Earthscan.
Langman, L. (1992) 'Neon cages: shopping for subjectivity', in R. Shields. *Lifestyle Shopping: The Subject of Consumption*, pp. 40–82. London: Routledge.
Lasch, C. (1984) *The Minimal Self: Psychic Survival in Troubled Times*. London: W.C. Norton.
Lash, S. (1990) *Sociology of Postmodernism*. London: Routledge.
Lash, S. and Urry, J. (1994) *Economies of Signs and Space*. London: Sage.
Laurier, E. (1993) '"Tackintosh": Glasgow's supplementary glass', in G. Kearns and C. Philo (eds) *Selling Places: The City as Cultural Capital, Past, Present and Future*, pp. 267–90. London: Pergamon Press.
Lefebvre, H. (2005) *Writing on Cities*. London: WileyBlackwell.
Leiss, W., Kline, S. and Jhally, S. (1990) *Social Communication in Advertising: Persons, Products and Images of Well-Being*. London: Methuen.

Levin, T. (1995) 'Introduction', in S. Kracauer, *The Mass Ornament*, pp. 1–30. Harvard: Harvard University Press.
Lin, N. (2001) 'Architecture: Shenzen', in *The Great Leap Forward, Harvard Design School Project on the City*, pp. 156–253. London: Taschen.
Lipovetsky, G. (2005) *Hypermodern Times*. Cambridge: Polity Press.
Lloyd, J. (2003) 'Airport technology, travel, and consumption', *Space and Culture* 6 (2): 93–109.
Lofland, L.H. (1998) *The Public Realm: Exploring the City's Quintessential Social Territory*. New York: Aldine de Gruyter.
Low, S. and Smith, N. (2005) 'Introduction: the imperative of public space', in S. Low and N. Smith (eds) *The Politics of Public Space*, pp. 1–16. London: Routledge.
Lukas, S.A. (2008) *Theme Park*. London: Reaktion.
MacCannell, D. (1976) *The Tourist: A New Theory of the Leisure Class*. London: St. Martin's Press.
MacLeod, G. (2002) 'From urban entrepreneurialism to a "revanchist city"? On the spatial injustices of Glasgow's renaissance', *Antipode*, 34: 602–24.
McCarthy, J. (1998) 'Dublin's Temple Bar: a case study of culture-led regeneration', *European Planning Studies* 6 (3): 271–81.
McCarthy, J. (2006a) 'Regeneration of cultural quarters: public art for place image or place identity?', *Journal of Urban Design*, 11 (2): 243–63.
McCarthy, J. (2006b) 'Cultural quarters and regeneration: the case of Wolverhampton', *Planning Practice and Research*, 20 (3): 297–311.
McCracken, G. (2005) *Culture and Consumption II: Markets, Meanings and Brand Management*. Bloomington: Indiana University Press.
McGuigan, J. (1996) *Culture and the Public Sphere*. London: Routledge.
McGuigan (2004) *Rethinking Cultural Policy*. Buckingham: Open University Press.
McKendrick, N., Brewer, J. and Plumb, J.H. (1984) *The Birth of a Consumer Society: Commercialization of Eighteenth Century England*. London: HarperCollins.
McMorrough, J. (2001) 'City of shopping', in *Harvard Design School Guide to Shopping*, pp. 183–202. London: Taschen.
Madrigal, R., Bee, C. and Labarge, M. (2005) 'Using the Olympics and FIFA World Cup to enhance global brand equity', in J. Amis and T.B. Cornwell (eds) *Global Sport Sponsorship*, pp. 179–90. Oxford: Berg.
Maitland, R. and Newman, P. (2009) 'Conclusions', in R. Maitland and P. Newman (eds) *World Tourism Cities: Developing Tourism off the Beaten Track*, pp. 134–40. London: Routledge.
Mansvelt, J. (2005) *Geographies of Consumption*. London: Sage.
Mars, N. and Hornsby, A. (2008) *The Chinese Dream: A Society Under Construction*. Rotterdam: 010 Publishers.
Marshall, R. (2001) *Waterfronts in Post-Industrial Cities*. London: Spon Press.

Marvin, C. (2008) '"All under heaven" – megaspace in Beijing', in M.E. Price and D. Dayan (eds) *Owning the Olympics: Narratives of the New China*, pp. 229–59. Ann Arbor, MI: University of Michigan Press.

Mattie, E. (1998) *World's Fairs*. New York: Princeton University Press.

Meethan, K. (2001) *Tourism in Global Society: Place, Culture, Consumption*. Basingstoke: Palgrave.

Mikunda, C. (2004) *Brand Lands, Hot Spots and Cool Spaces*. London: Kogan Page.

Miles, M. (2004) 'Drawn and quartered: El Raval and the Hausmannization of Barcelona'. in D. Bell and M. Jayne (eds) *City of Quarters: Urban Villages in the Contemporary City*, pp. 397–408. Aldershot: Ashgate.

Miles, S. (1998) *Consumerism as a Way of Life*. London: Sage.

Miles, S. (2000) *Youth Lifestyles in a Changing World*. Buckingham: Open University Press.

Miles, S. and Miles, M. (2004) *Consuming Cities*. Basingstoke: Palgrave Macmillan.

Millington, S. (1995) *City marketing strategies in the UK*, Unpublished typescript, Manchester Metropolitan University.

Mitchell, D. (1995) 'The end of public space? People's park, definitions of the public, and democracy', *Annals of the Association of American Geographers*, 85 (1): 108–33.

Mitchell, D. (2000) *Cultural Geography: A Critical Introduction*. Oxford: Blackwell.

Montgomery, J. (1995) 'The story of Temple Bar: creating Dublin's cultural quarter', *Planning, Practice and Research*, 10 (2): 135–72.

Montgomery, J. (2003) 'Cultural quarters as mechanism for urban regeneration. Part 1: conceptualising cultural quarters', *Planning, Practice and Research*, 18 (4): 293–306.

Montgomery, J. (2004) 'Cultural quarters as mechanisms for urban regeneration. Part 2: a review of four cultural quarters in the UK, Ireland and Australia', *Planning, Practice and Research*, 19 (1): 3–31.

Montgomery, J. (2007) *The New Wealth of Cities: City Dynamics and the Fifth Way*. Aldershot: Ashgate.

Moss, M. (2007) *Shopping as an Entertainment Experience*. Plymouth: Rowman and Littlefield.

Mullins, P. Natalier, K., Smith, P. and Smeaton, B. (1999) 'Cities and consumption spaces', *Urban Affairs Review*, 35 (1): 44–71.

Murray, C. (2001) *Making Sense of Place: New Approaches to Place Marketing*. London: DEMOS.

Nelson, E. (1998) *Mall of America: Reflections on a Virtual Community*. Lakeville: Galde.

Omar, O. and Kent, A. (2002) 'International airport influences on impulse shopping: trait and normative approach', *International Journal of Retail and Distribution Management*, 29 (5): 226–35.

Paddison, R. (1993) 'City marketing, image reconstruction and urban regeneration', *Urban Studies*, 30 (2): 339–50.

Paolucci, G. (2001) 'The city's continuous cycle of consumption: towards a new definition of the power over time?', *Antipode*, 33, 647–59.

Paterson, M. (2006) *Consumption and Everyday Life*. London: Routledge.

Pawley, M. (1998) *Terminal Architecture*. London: Reaktion Books.

Peck, J. (2005) 'Struggling with the creative class', *International Journal of Urban and Regional Research*, 29 (4): 740–70.

Peñalosa, E. (2007) 'Politics, power, cities', in R. Burdett and D. Sudjic (eds) *The Endless City*, pp. 307–19. London: Phaidon Press.

Perry, D. (2003) 'Urban tourism and the privatizing discourses of public infrastructure', in D.R. Judd (ed.) *The Infrastructures of Play: Building the Tourist City*, pp. 19–49. Armonk, NY: M.E. Sharpe.

Peter, B. (2007) *Form Follows Fun: Modernism and Modernity in British Pleasure Architecture 1925–1940*. London: Routledge.

Petersen, A.R. (2007) 'The work of art in the age of commercial funscapes', in G. Marling and M. Zerlang (eds) *Fun City*, pp. 235–58. Copenhagen: Danish Architectural Press.

Philo, C. and Kearns, G. (1993) 'Culture, history, capital: a critical introduction to the selling of places', in G. Kearns and C. Philo (eds.), *Selling Places: The City as Cultural Capital, Past and Present*, pp. 1–32. Oxford: Pergamon Press.

Pimlott, M. (2007) *Without and Within: Essays on Territory and the Interior*. Rotterdam: Episode.

Pine, J. and Gilmore, J. (1999) *The Experience Economy*. Boston: Harvard Business School.

Podesta, S. and Addis, M. (2007) 'Converging industries through experience', in A. Caru and B. Cova (eds) *Consuming Experience*, pp. 139–53. London: Routledge.

Poynor, R. (2005) 'Inside the Blue Whale: a day at the Bluewater Mall', in W.S. Saunders (ed.) *Commodification and Spectacle in Architecture*, pp. 88–99. Minnesota: Harvard Design Magazine Reader.

Prentice, R. (2001) 'Experiential cultural tourism: museums and the marketing of the new romanticism of evoked authenticity', *Museum Management and Curatorship* 19 (1): 5–26.

Presdee, M. (2000) *Cultural Criminology and the Carnival of Crime*. London: Routledge.

Prior, D., Stewart, J. and Walsh, K. (1995) *Citizenship: Rights, Community and Participation*. London: Pearson.

Pryce, W. (2007) *Big Shed*. London: Thames and Hudson.

Punter, V.P. (1990) 'The privatisation of the public realm', *Planning, Practice and Research*, 5 (2): 9–16.

Putnam, R. (1995) 'Bowling alone: America's declining social capital', *Journal of Democracy*, 6 (1): 65–78.

Putnam, R. (2001) *Bowling Alone: The Collapse and Revival of American Community*. New York: Simon and Schuster.
Rains, S. (1999) 'Touring Temple Bar: cultural tourism in Dublin's "cultural quarter"', *International Journal of Cultural Policy*, 6 (1): 225–67.
Rappaport, E. (2000) *Shopping for Pleasure: Women in the Making of London's West End*. Princeton, NJ: Princeton University Press.
Reekie, G. (1992) 'Changes in the Adamless Eden: the spatial and sexual transformation of a Brisbane department store 1930–1990', in R. Shields (ed.) *Lifestyle Shopping: The Subject of Consumption*, pp. 170–84. London: Routledge.
Rees, R. (2006) 'The brand new authentic retail experience: the commercialization of urban design', in M. Moor and J. Rowland (eds), *Urban Design Futures*, pp. 142–8. London: Routledge.
Reeve, A. and Simmonds, R. (2001) '"public realm" as theatre: Bicester village and universal city walk', *Urban Design International*, 6: 173–90.
Ren, H. (2007) 'The landscape of power: imagineering consumer behaviour at China's theme parks', in S.A. Lukas (ed.) *The Themed Space: Locating Culture, Nation and Self*, pp. 97–112. Lanham, MD: Lexington.
Ren, X. (2008) 'Architecture and nation building in the age of globalization: construction of the national stadium of Beijing for the 2008 Olympics', *Journal of Urban Affairs*, 30 (2): 175–90.
Richards, G. (1996) 'Production and consumption of European cultural tourism', *Annals of Tourism Research*, 23 (2): 261–83.
Richards, G. and Wilson, J. (2006) 'Developing creativity in tourist experiences: a solution to the serial reproduction of culture?', *Tourism Management*, 27: 1209–23.
Rifkin, J. (2000) *The Age of Access: How the Shift from Ownership is Transforming Capitalism*. London: Penguin.
Ritzer, G. (1992) *The McDonaldization of Society: An Investigation into the Changing Character of Contemporary Social Life*. London: Pine Forge.
Ritzer, G. (2004) *Enchanting a Disenchanted World: Revolutionizing the Means of Consumption*, Second edition. London: Pine Forge Press.
Ritzer, G. (2005) *Enchanting a Disenchanted World*. London: Pine Forge.
Robins, K. (1993) 'Prisoners of the city: whatever could a postmodern city be?' in C. Carter, J. Donald and J. Squires (eds) *Space and Place: Theories, Identity and Location*, pp. 303–30. London: Lawrence & Wishart.
Roche, M. (2000) *Mega-Events: Olympics and EXPOs in the Growth of Global Culture*. London: Routledge.
Rojek, C. (1993) *Ways of Escape*. London: Macmillan.
Rojek, C. (2000) 'Mass tourism or the re-enchantment of the world? Issues and contradictions in the study of travel', in M. Gottdiener (ed.) *New Forms of Consumption, Consumers, Culture and Commodification*, pp. 51–70. London: Rowman and Littlefield.

Ryan, N. (2007) 'Vegas at the tipping point?', *Urban Transformations: Regeneration and Renewal Through Leisure and Tourism*, Brighton: Leisure Studies Association, 1: 141–59.
Sack, R.D. (1988) 'The consumer's world: place as context', *Annals of the Association of American Geographers*, 78 (4): 642–64.
Sack, R.D. (1992) *Place, Modernity and the Consumer's World*. New York: John Hopkins University Press.
Sassen, S. (2006) *Cities in a World Economy*. Thousand Oaks, CA: Pine Forge.
Sassatelli, R. (2006) *Consumer Culture: History, Theory and Politics*. London: Sage.
Satterthwaite, A. (2001) *Going Shopping: Consumer Choices and Community Consequences*. London: Harvard University Press.
Saunders, P. (1993) 'Citizenship in a liberal society', in B. Turner (ed.) *Citizenship and Social Theory*, pp. 57–90. London: Sage.
Savitch, H.V. and Kantor, P. (2002) *Cities in the International Marketplace: The Political Economy of Urban Development in North America and Western Europe*. Oxford: Princeton University Press.
Scott, A.J. (2000) *The Cultural Economy of Cities*. London: Sage.
Sennett, R. (1970) *The Uses of Disorder: Personal Identity and City Life*. New York: Knopf.
Sennett, R. (1977) *The Fall of Public Man*. New York: Vintage.
Shields, R. (1992) *Lifestyle Shopping: The Subject of Consumption*. London: Routledge.
Short, J.R. (2006) *Urban Theory: A Critical Assessment*. Basingstoke: Palgrave Macmillan.
Short, J.R. and Kim, J.H. (1999) *Globalization and the City*. Harlow: Addison Wesley.
Shoval, N. (2000) 'Commodification and theming of the sacred: changing patterns of tourist consumption in the "Holy land"', in M. Gottdiener (ed.) *New Forms of Consumption: Consumers, Culture and Commodification*, pp. 251–64. Oxford: Rowman and Littlefield.
Silk, M. and Amis, J. (2006) 'Sport tourism, cityscapes and cultural politics', in H. Gibson (ed.) *Sport Tourism: Concepts and Theories*, pp. 148–69. London: Routledge.
Simmel, G. (1950) 'The Metropolis and mental life', in K. Wolff (ed.) *The Sociology of Georg Simmel*, pp. 324–39. London: Collier-Macmillan.
Sklair, L. (2002) *Globalization; Capitalism and its Alternatives*. Oxford: Blackwell.
Soares, L.J.B. (1998) 'EXPO '98 and Lisbon's return to the river', in L. Trigueiros and C. Sat with C. Oliveira (eds) *Architecture Lisboa EXPO'98*, pp. 21–5. Lisbon: Blau.
Sorkin, M. (1992a) 'Introduction: variations on a theme park', in M. Sorkin (ed.) *Variations on a Theme Park*, pp. xi–xv. New York: Hill and Wang.

Sorkin, M. (1992b) 'See you in Disneyland', in M. Sorokin (ed.) *Variations on a Theme Park*, pp. 205–32. New York: Hill and Wang.
Stevenson, D. (2003) *Cities and Urban Culture*. Maidenhead: Open University Press.
Sze Tsung Leong (2001a) 'The last remaining form of public life', in *Project on the City 2: Harvard Design School Guide to Shopping*, pp. 128–55. London: Taschen.
Sze Tsung Leong (2001b) 'Captive', in *Project on the City 2: Harvard Design School Guide to Shopping*, pp. 174–92. London: Taschen.
Thomas, D. (1997) 'Retail and leisure developments at London Gatwick Airport', *Commercial Airport*. British Airport Authority, August: 38–41.
Toderian, B. (2008) *Does Vancouver Need (or Want) Iconic Architecture?* Available at: www.planetizen.com/node/29385 [accessed 30 October 2009].
Toffler, A. (1970) *Future Shock*. New York: Random House.
Tomlinson, A. (2004) 'The Disneyfication of the Olympics: theme parks and freak-shows of the body', in J. Bale and M.K. Christensen (eds) *Post-Olympism?: Questioning Sport in the Twenty-first Century*, pp. 147–63. Oxford: Berg.
Touraine, A. (1988) *Return of the Actor: Social Theory in Postindustrial Society*. Minneapolis: University of Minnesota Press.
Tucker, M. (2008) 'The cultural production of cities: rhetoric or reality? Lessons from Glasgow', *Journal of Retail and Leisure Property*, 7 (1): 21–33.
Turner, V.W. (1969) *The Ritual Process*. Chicago: Aldine.
Urry, J. (2002) *The Tourist Gaze: Leisure and Travel in Contemporary Societies*, 2nd edition. London: Sage.
Vaz, P.B. and Jacques, L.F. (2006) 'Contemporary urban spectacularisation', in J. Monclus and M. Guarida (eds) *Culture, Urbanism and Planning*, pp.241–53. Aldershot: Ashgate.
Wall, A. (2005) *Victor Gruen: From Urban Shop to New City*. New York: Actar.
Ward, S. (2006) '"Cities are fun!": inventing and spreading the Baltimore model of cultural urbanism', in J. Monclus and M. Guardia (eds) *Culture, Urbanism and Planning*, pp. 271–86. Aldershot: Ashgate.
Ward, V. (1998) *Selling Places: The Marketing and Promotion of Towns and Cities*. London: Spon.
Wasko, J. (2001) *Understanding Disney*. Cambridge: Polity.
Watson, G. and Kopachevsky, J. (1994) 'Interpretations of tourism as a commodity', *Annals of Tourism Research*, 21: 643–60.
Williams, R. (2004) *The Anxious City: English Urbanism in the Late Twentieth Century*. London: Routledge.
Wishart, R. (1991) 'Fashioning the future: Glasgow', in M. Fisher and U. Owen (eds) *Whose Cities?*, pp. 43–52. London: Penguin.
Wood, A. (2009) *City Ubiquitous: Place, Communication and the Rise of Omnitopia*. Cresskill, NJ: Hampton Press.

Worthington, J. (2006) 'Giving meaning to the experience economy', in M. Moor and J. Rowland (eds) *Urban Design Futures*, pp. 159–69. London: Routledge.
Wu, F. (2000) 'Place promotion in Shanghai: PRC', *Cities*, 17 (5): 349–61.
Wu, F., Xu, J. and Gar-On Yeh, A. (2006) *Urban Development in Post-Reform China: State, Market, and Space*. London: Routledge.
Yeoh, B. (2005) 'The global cultural city? Spatial imagineering and politics in the multi(cultural) marketplaces of south-east Asia', *Urban Studies*, 42 (5/6): 945–58.
Young, C. and Lever, J. (1997) 'Place promotion, economic location and the consumption of city image', *Tijdschrift voor Economische en Sociale Geografie*, 88 (4): 332–41.
Zepp, I.G. (1997) *The New Religious Image of Urban America*. Niwot: University Press of Colorado.
Zukin, S. (1993) *Landscapes of Power: From Detroit to Disney World*. London: University of California Press.
Zukin, S. (1995) *The Cultures of Cities*. Oxford: Blackwell.
Zukin, S. (1998) 'Urban lifestyles: diversity and standardisation in spaces of consumption', *Urban Studies*, 35 (5/6): 825–40.
Zukin, S. (2005) *Point of Purchase: How Shopping Changed American Culture*. London: Routledge.

《世界城市研究精品译丛》总目

☑ 已出版，□ 待出版

- ☑ 马克思主义与城市
- ☑ 保卫空间
- ☑ 城市生活
- ☑ 消费空间
- ☑ 媒体城市
- ☑ 想象的城市
- ☑ 城市研究核心概念
- ☑ 城市地理学核心概念
- ☑ 政治地理学核心概念
- ☑ 规划学核心概念
- □ 真实城市
- □ 现代性与大都市
- □ 虚拟空间的社会和文化价值
- □ 城市空间的社会生产
- □ 城市发展规划本体论
- □ 区域、空间战略与可持续发展
- □ 全球资本主义与劳动力地理学
- □ 历史地理学核心概念
- □ 与赛博空间共生：21 世纪的技术与社会